U0097957

Ong Iok-tek

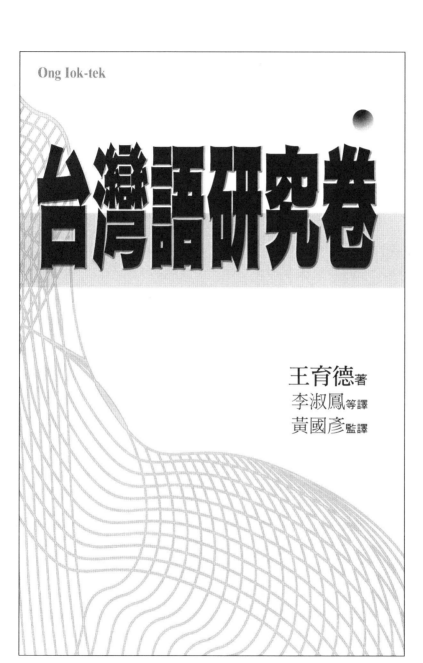

台灣語研究卷

王育德 著
李淑鳳 等譯
黃國彥 監譯

總序

轉瞬間，王育德博士逝世已經十七年了。現在看到他的全集出版，不禁感到喜悅與興奮。

出身台南市的王博士，一生奉獻台灣獨立建國運動。台灣獨立建國聯盟的前身台灣青年社於一九六〇年誕生，他是該社的創始者，也是靈魂人物。當時在蔣政權的白色恐怖威脅下，整個台灣社會陰霾籠罩，學界噤若寒蟬，台灣人淪為二等國民，毫無尊嚴可言。王博士認為，台灣人唯有建立屬於自己的國家，才能出頭天，於是堅決踏入獨立建國的坎坷路。

台灣青年社為當時的台灣人社會敲響了希望之鐘。這個以定期發行政論文化雜誌《台灣青年》，希望啓蒙台灣人的靈魂、思想的運動，說起來容易，實踐起來卻是非常艱難的一樁事。

當時王博士雖任明治大學商學部的講師，但因為是兼職，薪水寥寥無幾。他的正式「職業」是東京大學大學院博士班學生。而他所帶領的「台灣青年社」，只有五、六位年輕的台灣留學生而已，所有重擔都落在他一人身上。舉凡募款、寫文章、修改投稿者的日文原稿、校正、印刷、郵寄等等雜務，他無不親身參與。

《台灣青年》在日本首都東京誕生，最初的支持者是東京一帶的台僑，後來漸漸擴張到神戶、大阪等地。尤其很快地獲得

日益增加的在美台灣留學生的支持。後來台灣青年社經過改組
爲台灣青年會、台灣青年獨立聯盟，又於一九七○年與世界各
地的獨立運動團體結合，成立台灣獨立聯盟，以至於台灣獨立
建國聯盟。王博士不愧爲一位先覺者與啓蒙者，在獨立運動的
里程碑上享有不朽的地位。

　　在教育方面，他後來擔任明治大學專任講師、副教授、教
授。在那個時代，當日本各大學猶尙躊躇採用外國人教授之
際，他算是開了先鋒。他又在國立東京大學、埼玉大學、東京
外國語大學、東京教育大學、東京都立大學開課，講授中國
語、中國研究等課程。尤其令他興奮不已的是台灣話課程。此
是經由他的穿梭努力，首在東京都立大學與東京外國語大學開
設的。前後達二十七年的教育活動，使他在日本眞是桃李滿天
下。他晚年雖罹患心臟病，猶孜孜不倦，不願放棄這項志業。

　　他對台灣人的疼心，表現在前台籍日本軍人、軍屬的補償
問題上。這群人在日本治台期間，或自願或被迫從軍，在第二
次大戰結束後，台灣落到與日本作戰的蔣介石手中，他們既不
敢奢望得到日本政府的補償，連在台灣的生活也十分尷尬與困
苦。一九七五年，王育德博士號召日本人有志組織了「台灣人元
日本兵士補償問題思考會」，任事務局長，舉辦室內集會、街頭
活動，又向日本政府陳情，甚至將日本政府告到法院，從東京
地方法院、高等法院、到最高法院，歷經十年，最後不支倒
下，但是他奮不顧身的努力，打動了日本政界，於一九八六
年，日本國會超黨派全體一致決議支付每位戰死者及重戰傷者
各兩百萬日圓的弔慰金。這個金額比起日本籍軍人得到的軍人

恩給年金顯然微小，但畢竟使日本政府編列了六千億日幣的特別預算。這個運動的過程，以後經由日本人有志編成一本很厚的資料集。這次【王育德全集】沒把它列入，因為這不是他個人的著作，但是厚達近千頁的這本資料集，很多部分都出自他的手筆，並且是經他付印的。

　　王育德博士的著作包含學術專著、政論、文學評論、劇本、書評等，涵蓋面很廣，而他的《閩音系研究》堪稱為此中研究界的巔峰。王博士逝世後，他的恩師、學友、親友想把他的這本博士論文付印，結果發現符號太多，人又去世了，沒有適當的人能夠校正，結果乾脆依照他的手稿原文複印。這次要出版他的全集，我們曾三心兩意是不是又要原封不動加以複印，最後終於發揮我們台灣人的「鐵牛精神」，兢兢業業完成漢譯，並以電腦排版成書。此書的出版，諒是全世界獨一無二的經典「鉅著」。

　　關於這本論文，有令我至今仍痛感心的事，即在一九八○年左右，他要我讓他有充足的時間改寫他的《閩音系研究》，我回答說：「獨立運動更重要，修改論文的事，利用空閒時間就可以了！」我真的太無知了，這本論文那麼重要，怎能是利用「空閒」時間去修改即可？何況他哪有什麼「空閒」！

　　他是我在台南一中時的老師，以後在獨立運動上，我擔任台灣獨立聯盟日本本部委員長，他雖然身為我的老師，卻得屈身向他的弟子請示，這種場合，與其說我自不量力，倒不如說他具有很多人所欠缺的被領導的雅量與美德。我會對王育德博士終生尊敬，這也是原因之一。

　　我深深感謝前衛出版社林文欽社長，長期來不忘敦促【王育德全集】的出版，由於他的熱心，使本全集終得以問世。我也要感謝黃國彥教授擔任編輯召集人，及《台灣—苦悶的歷史》、《台灣話講座》以及台灣語學專著的主譯，才能夠使王博士的作品展現在不懂日文的同胞之前，使他們有機會接觸王育德的思想。最後我由衷讚嘆王育德先生的夫人林雪梅女士，在王博士生前，她做他的得力助理、評論者，王博士逝世後，她變成他著作的整理者，【王育德全集】的促成，她也是功不可沒。

日本昭和大學名譽教授　黃昭堂

序

　　育德在一九四九年離開台灣，直到一九八五年去世爲止，不曾再踏過台灣這片土地。

　　我們在一九四七年一月結婚，不久就爆發二二八事件，育德的哥哥育霖被捕，慘遭殺害。

　　一九四九年，和育德一起從事戲劇運動的黃昆彬先生被捕，我們兩人直覺，危險已經迫近身邊了。在不知如何是好，又一籌莫展的情況下，等到育德任教的台南一中放暑假之後，育德才表示要赴香港一遊，避人耳目地啓程，然後從香港潛往日本。

　　一九四九年當時，美國正試圖放棄對蔣介石政權的援助。育德本身也認爲短期內就能再回到台灣。

　　但就在一九五〇年，韓戰爆發，美國決定繼續援助蔣介石政權，使得蔣介石政權得以在台灣苟延殘喘。

　　育德因此寫信給我，要我收拾行囊赴日。一九五〇年年底，我帶着才兩歲的大女兒前往日本。

　　我是合法入境，居留比較沒有問題，育德則因爲是偷渡，無法設籍，一直使用假名，我們夫婦名不正，行不順，當時曾帶給我們極大的困擾。

　　一九五三年，由於二女兒即將於翌年出生，屆時必須報戶

籍，育德乃下定決心向日本警方自首，幸好終於取得特別許可，能夠光明正大地在日本居留了，我們歡欣雀躍之餘，在目黑買了一棟小房子。當時年方三十的育德是東京大學研究所碩士班的學生。

他從大學部的畢業論文到後來的博士論文，始終埋首鑽研台灣話。

一九五七年，育德為了出版《台灣語常用語彙》一書，將位於目黑的房子出售，充當出版費用。

育德創立「台灣青年社」，正式展開台灣獨立運動，則是在三年後的一九六○年，以一間租來的房子為據點。

在育德的身上，「台灣話研究」和「台灣獨立運動」是自然而然融為一體的。

育德去世時，從以前就一直支援台灣獨立運動的遠山景久先生在悼辭中表示：「即使在你生前，台灣未能獨立建國，但只要台灣人繼續說台灣話，將台灣話傳給你們的子子孫孫，總有一天，台灣必將獨立。民族的原點，既非人種亦非國籍，而是語言和文字。這種認同，最具體的證據就是『獨立』。你是第一個將民族的重要根本，也就是台灣話的辭典編纂出版的台灣人，在台灣史上將留下光輝燦爛的金字塔。」

記得當時遠山景久先生的這段話讓我深深感動。由此也可以瞭解，身為學者，並兼台灣獨立運動鬥士的育德的生存方式。

育德去世至今，已經過了十七個年頭，我現在之所以能夠安享餘年，想是因為我對育德之深愛台灣，以及他對台灣所做

的志業引以爲榮的緣故。

　　如能有更多的人士閱讀育德的著作，當做他們研究和認知的基礎，並體認育德深愛台灣及台灣人的心情，將三生有幸。

　　一九九四年東京外國語大學亞非語言文化研究所在所內圖書館設立「王育德文庫」，他生前的藏書全部保管於此。

　　這次前衛出版社社長林文欽先生向我建議出版【王育德全集】，說實話，我覺得非常惶恐。《台灣—苦悶的歷史》一書自是另當別論，但要出版學術方面的專著，所費不貲，一般讀者大概也興趣缺缺，非常不合算，而且工程浩大。

　　我對林文欽先生的氣魄及出版信念非常敬佩。另一方面，現任教東吳大學的黃國彥教授，當年曾翻譯《台灣—苦悶的歷史》，此次出任編輯委員會召集人，勞苦功高。同時，就讀京都大學的李明峻先生數度來訪東京敝宅，蒐集、影印散佚的文稿資料，其認真負責的態度，令人甚感安心。乃決定委託他們全權處理。

　　在編印過程中，給林文欽先生和實際負責編輯工作的邱振瑞先生以及編輯部多位工作人員造成不少負荷，偏勞之處，謹在此表示謝意。

王雪梅　二○○二年六月謹識於東京

譯序

　　本書收錄了王育德博士有關台灣話的八篇文章。這裏所謂的台灣話是廣義的台灣話，包括通稱的閩南話、客家話等台灣通行的語言在內。

　　〈台語的聲調〉一文內容相當精簡，從音韻論的角度針對台語的聲調做了新的詮釋。

　　〈三字集講釋〉一文中講解的《三字集》，是一九三一年台共組織——台灣紅色救濟會在部分農民之間秘密分發的宣傳小冊，以台語書寫，形式類似三字經，三字一句，總共六九四句，是相當特殊的台語語料。

　　〈客家話語言年代學的考察〉一文則是從歷史上的五次大遷徙說明地理上頗具特徵的客家話的分佈情況。本稿以桃園、涼水井、臨川這三個地理上相互遠隔的客家方言爲對象，嘗試分析其歷史演變過程如何反映於語言年代學的具體數字上。語言年代學的有效性頗富爭議，所得的數據雖不具絕對性，但至少可當參考，不容否認。王博士對語言年代學的看法，顯然深受其指導敎授服部四郎博士的影響。

　　〈台語的擬態形容詞組〉一文探討了台語語法中頗具特徵的一個形式——形容詞後面接雙音節擬態詞的 ABB 形式，並舉了

不少實例。

〈台灣話描述研究的進展〉係以評論的方式介紹台語音韻相關研究中較具成果的部分，是一篇相當嚴謹的長篇論文。這篇論文除了可以讓讀者瞭解王博士個人研究台語的辛苦歷程及部分成果外，對台灣、日本、中國以及海外學人的主要研究成果均有所著墨，視野甚廣。

〈台南方言的音韻體系〉是王博士整理出來的台南方言音節表。

〈落入漢字的陷阱──「福佬」「河洛」語源之爭〉一文則針對所謂「河洛說」、「甌駱說」提出批判，指出二說均缺乏科學根據，並提示語源探究應有的態度及條件，以免落入漢字的陷阱。

〈漢字的死亡公告〉則是以中文的訃聞為例，說明漢字威權主義的不當，呼籲台灣人必須擺脫這種病態。

最後一篇〈台語書寫上的問題點〉是王博士演講的記錄，嚴格說來並非論文，但因可以呈現王博士對台語正字法的一些看法，特予收錄。

以上各篇論文由東吳大學日研所林彥伶及李淑鳳幾位同學負責翻譯，謹此致謝。但願本書的出版能增加讀者對台語的認識，在帶動台語研究的風氣上發揮一些作用。

黃國彥

目次

台語的聲調

　　漢語的音節必定有聲調的區別，然後才能和概念結合，台語❶也不例外。

　　台語有七個聲調。

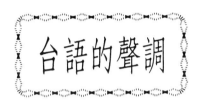

陰平	陰上	陰去	陰入	陽平	陽上	陽去	陽入❷
1 聲	2 聲	3 聲	4 聲	5 聲	6 聲	7 聲	8 聲
（無）	（ˊ）	（ˋ）	（無）	（ˇ）		（－）	（｜）

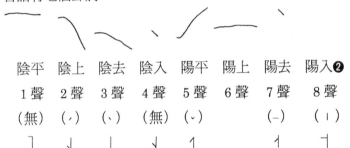

　　根據從前的陰陽對立二元論，一般認爲，這個音系不論陰調或陽調都有平上去入，亦即八個聲調。但物理實驗的結果顯示，陰上(2 聲)和陽上(6 聲)型式完全相同，如上圖所示。所以實際上應該說只有七調❸。

　　陰平(1 聲)　高平稍微拉長。和北京話大致相同。例如'jə
　　　　　　　　（依）、toŋ（東）。❹

　　上聲(2 聲)　開頭部分比陰平稍高，急遽下降一個音階。和
　　　　　　　　北京話的四聲大致相同。例如'jə́（椅）、tóŋ
　　　　　　　　（黨）。

陰去(3聲)   開頭部分在中間，急遽下降，但沒有上聲那麼陡。例如'jə(意)、tòŋ(棟)。

陰入(4聲)   開頭部分聲高和陰去大致相同，急遽結束。有入聲的音節靠尾部子音 –p、–t、–k、–q 和其他聲調區別。例如'jəq(無字)、tok(篤)。

陽平(5聲)   開頭部分聲高和陰去大致相同，緩緩上升至高度和上聲開頭部分相當，是唯一的升調，極富特色。和北京話的三聲有些類似。例如'jə̌(夷)、tǒŋ(同)。

陽去(7聲)   聲高和陰去大致相同，平緩稍微拉長。例如'jə̄(異)、tōŋ(洞)。

陽入(8聲)   開頭部分比陰去略高，急遽結束。必須和陰入區別。例如'jə́q(腋)、tók(毒)。

此外還有輕聲(右上角加‧標示)，分為下面三種。

1. 原本即為輕聲。大部分語氣詞均是。

     gẃa la‧(我啦)＝我啦

     ljə́ cē le‧(你坐咧)＝你坐下

2. 由於句調的關係，喪失本來的聲調。接於動詞後面的助動詞。

     cáw lǎj‧(走來)＝跑來

     chwət khjə̀‧(出去)＝出去

3. 刻意改變原來的聲調，以便相互區別者。

     { bə̀ khjə̀‧(無去)＝丟了

     { bə̀ khjə̀(無去)＝沒去

$$\begin{cases} \text{ˈāwzjə́t˙ (後日)＝後天} \\ \text{ˈāwzjə̀t (後日)＝以後} \end{cases}$$

$$\begin{cases} \text{phaqcjə́t’ě˙ (拍一下)＝打一打} \\ \text{phaqcjə̀t’ē (拍一下)＝打一下} \end{cases}$$

輕聲極爲重要，似乎能凸顯重音核(保持本調的音節)，暗示語法上的重點所在。還有，輕聲的音位似可界定於陰去和陰入的中間——既短且弱。

　　台語的聲調在複合詞一直到句子爲止的音節串中會產生明顯的改變。這種變調的現象當然不是台語音系的專利。就北京話而言，兩個三聲相連時，前者的聲調會變成二聲。還有兩個四聲相連時，在某種條件下，前者的聲調會變成二聲。儘管如此，中國任何方言的變調現象大概都沒有台語音系這麼特別。

　　首先是台語有所謂「變調的規律」——最後一個音節(如係輕聲則移前一個音節)保持本調(重音核所在)，前面的音節則改變聲調如下：

$$\begin{array}{ccccccc} 1\text{聲} & 2 & 3 & 4 & 5 & 7 & 8 \\ \vee & \vee & \vee & \vee & \vee & \vee & \vee \\ 7 & 1 & 2 & 8 & 7 & 3 & 4 \end{array}$$

例如二音節詞：

⁷hoŋchwe	(風吹)＝風箏(左上角的數字表示變調)	
¹khóŋcwə́	(孔子)＝孔子	
²kjànha̍k	(見學)＝參觀	
⁸kokka	(國家)＝國家	
⁷cwə̌nphǎŋ	(船帆)＝船帆	

³sjōŋháj　　　　（上海）＝上海

⁴kjȯktjəw　　　　（局長）＝局長

三音節以上也一樣。

⁸pwət⁸tjək'jə́(不得已)＝不得已

⁷thjã²kjə̀kóŋ(聽見講)＝聽說

³tjān¹hwéljāw(電火料)＝電費

⁷hjã³tjə̄¹cjə́bwə̄j(兄弟姊妹)＝兄弟姊妹

⁴zjə̀t¹bwən⁸kokbjə̆n(日本國民)＝日本國民

¹pə́⁷'an⁷swə̄³ljəŋpō(保安司令部)＝保安司令部

⁷swən⁷tjoŋ⁷san⁷sjənsẽ(孫中山先生)＝孫中山先生

這個現象可以用聲調的同化，也就是聲調的 sandhi 來說明。它顯然是爲了在特定音色的音節群之間製造有潤滑作用的高低抑揚所做的努力，因此音節群給人的感覺是完整沒有中斷的。

「變調的規則」有例外存在。不過這些例外的出現都很有規律，本身又另外自成規則。

那就是第二個規則——「聲門塞音變調規律」。也就是說，如果第四聲和第八聲的韻尾不是 –p、–t、–k，而是 –q 時，變調如下：

4　　8❻

∨　∨

2　　3

例如：

²kheqlă̆ŋ(客人)＝客家人

²təqtjə́ŋ(桌頂)＝桌上

^{3}zwa̍qthjə̃(熱天)＝熱天

^{3}'ə̍qtăŋ(學堂)＝學校

^{2}paq^{4}zjə̍tsàw(百日嗽)＝百日咳

^{2}thjəq^{7}bǎŋchǎŋ(鐵眠床)＝鐵床

^{3}be̍q^{7}gěkə(麥芽膏)＝麥芽糖

^{3}cja̍q^{3}pāŋkjəŋ(食飯間)＝飯廳

台語的形容詞和副詞有許多重疊用法。重疊兩次時，有「更加」的意思，很有規律，無需特別說明。爲了愼重起見，玆舉例如下：

^{7}sjosjo(燒燒)＝熱熱的

^{3}pe̍qpe̍q(白白)＝白白的

^{7}'ǎŋ^{7}kjəkjə(紅枝枝)＝紅紅的

^{7}'o^{8}cjapcjap(烏汁汁)＝黑漆漆

^{7}khǎm^{7}khǎm^{4}khja̍pkhja̍p(碪碪 硈硈)＝崎嶇不平

^{7}'jə^{3}'jə-wãjq'wãjq(尸尸彐彐)＝吱咯作響

相形之下，重疊三次(trihomophonic group)時，則表示最大級「非常」的意思。而且發生獨特的變調。

那就是第三的「強調的變調」。例詞如下：

^{1}hə́^{1}hə́hə́(好好好)＝非常好。

^{2}cjã̀'^{2}cjã̀cjã̀(正正正)＝非常正確。

^{8}phok^{8}phokphok(博博博)＝非常博識。

^{5}phaŋ^{7}phaŋphaŋ(芳芳芳)＝非常香。

^{5}tāŋ^{3}tāŋtāŋ(重重重)＝非常重。

^{5}tjə̃^{7}tjə̃tjə̃(甜甜甜)＝非常甜。

　　各個音節群的最後一個音節保持本來的聲調，而且持續的時間最長。中間的音節按一定規則變調，時間最短。開頭的音節不短不長，有兩種變調方式。「好、正、博」照規律變調，「芳、重、甜」一律變成 5 聲。大概因為 5 聲是唯一的上升調，令人印象深刻的關係吧。因此，這個情況特別稱為「強調的變調」。

　　然則，在詞組或句子中，變調是採取何種方式？其功能又是如何？首先，它會形成聲調群。

　　例 1　⁷tāŋkjā／³sjə ⁴zjə́tpwén／⁷'ě ¹sjə́wto la˙／。
　　　　　（東京是日本个首都啦）

　　例 2　ljə̌m sjən˙sē̌／⁷cahəŋ／²khjə̀ ¹tə́'wəj／？
　　　　　（林先生昨昏去何位）

　　例 3　³lāwtǎn／teq̇／³chjə̌ŋ sā／。
　　　　　（老陳的穿衫）

　　例 4　¹ljə́'á／¹phə́j ¹kwécjə́／，¹ljə́ ³əm⁷thaŋ ⁴cjàq cē／。
　　　　　（李仔歹菓子，你唔通食多）

　　例 5　⁷sjənsē／¹bé ⁴cjə̀t¹pwén cheq／hō gwá˙／。
　　　　　（先生買一本册付我）

　　在上面的例句中，前面三條規律都獲得相當正確的適用。以／區隔的單位就是「聲調群」。在每個「聲調群」內，只有最後一個音節保持本來的聲調，之前的音節均按照規律變調連接，輕聲的音節則附隨其後。如此有趣的現象應如何解釋？

　　首先，它顯然是比呼氣段落(例句中以逗號和句號標示)更小的單位，但也不是說話節拍。例如從例 1 中：

　　　　⁷taŋkjā／³sjə ╲⁴zjə́tpwén／'ě ╲¹sjə́wto la˙╱。

我們可以發現說話拍節是以虛線標示，和「聲調群」並不一致。

其次，它並非所謂強弱段落。台語的聲調本來就不屬於強弱重音，而是高低重音，所以「聲調群」最後一個音節強，其他音節弱，這樣的說法並不能成立。

因此必須尋求別的解釋。先說筆者的結論——那是一般民眾對語法、結構論最低限度卻也是最根本的認知反映。由於時間有限，尚未能做有體系的全面性探討，暫時只能針對上述例句提出如下看法。

第一，對所謂主語(詞組)和述詞(詞組)的意識是一切的出發點。我們必須承認，例句開頭的「聲調群」是主語毫無疑問。最佳例證大概是下面的區別。

　　　　^{7}hoŋchwe(風吹)＝風箏。

　　　　hoŋchwe(風吹)＝刮風。

前者是一個複合詞，所以只有一個「聲調群」，後者有兩個「聲調群」，在一般人的意識中，是主述句。但主語為代名詞時，另當別論。例4的／^{1}ljə́ $^{3'}$əm^{7}thaŋ ^{4}cjaq cē／的ljə́(你)發生變調。這是因為不必特別強調的關係。不如說它的份量只相當於述詞的修飾成分來的更恰當。代名詞原本就是用來表示已經出現過的人再度出場，而且在談話現場中不言而喻，也因此地位甚輕。當然，如果有特別加以強調的必要，就可以自成一個「聲調群」或成為「聲調群」內的主要音節。例5的／hō gwá˙／(付我＝給我)中的／gwá˙／發成輕聲，但也可以發成／^{3}hō gwá／，特別強調「給我」的部分。

其次，對主語(詞組)和述詞(詞組)的掌握是以結構為單位。

一個「聲調群」大致相當於一個結構。但它到底屬於何種結構，則無關緊要。例 1 的 ⁴zjə́tpwə́n 'ě ¹sjə́wto（日本个首都）、例 4 的 ¹phə́j¹kwécjə́（歹菓子）屬於「修飾結構」。必須注意的是下面的事實：在例 1 中，sjə（是）有幾乎變成輕聲而附隨於主語 ⁷taŋkjā（東京）的傾向，而在例 4 中則完全消失。有不少人試圖在漢語的「是」字中認定它做為 S—C—D 的繫辭 copula 的邏輯必要性，至少就台語而言有待商榷。例 2 的 ²khjə ¹tə́'wəj（去何位）是「對向結構」。⁷cahəŋ（昨昏）是獨立的「聲調群」。通常，所謂的時間詞可以自成一個「聲調群」，與其視它為份量很輕的副詞之類，往往不如解釋為「主題」較為方便。(¹ljə́) ³'əm⁷thaŋ ⁴cjə́q cē（(你)唔通食多）是包含「補充結構」在內的「限定結構」。例 5 的 ¹bé ⁴cjə́t ¹pwə́n cheq（買一本冊）是包含「數量結構」在內的「對向結構」。

第三，輕聲具備重要的功能。最佳例證是例 2 的 sjən sē（先生）和例 5 的 ⁷sjənsē（先生）之間的區別。前者是附屬形式，語義甚輕，相當於「先生、小姐」，後者的語義則指「老師」，屬於自立詞。

第四，就複合詞以及結合較鬆的詞組而言，所謂自立語、附屬語，附屬形式之間的瑣碎區別根本不成問題。例 4 的 ¹ljə́'á（李仔）的 'á 是附屬形式（有人或許會視為附屬語），卻成為主音節。而 ²təqtjə́ŋ（棹頂）的 tjə́ŋ（頂）是附屬語，同樣成為主音節。

第五，和北京話的「的」字用法幾乎相同，表示所謂所有格的 ě（个）和單純表示接續的 ě（个）在句中並無區別。例 1 的 ⁴zjə́t pwə́n／⁷'ě ¹sjə́wto（日本个首都）屬於前者，chjəŋ／⁷'ě sā（穿个衫）屬於後者。但二者都被 'ě 區隔為前後兩個「聲調群」（就說話節拍而

言，台語和北京話一樣，發成日本的　首都，穿的　衫）。仔細一想，這大概是因爲上述情況中的的'ě 重要的只是發揮連接的功能，但到底是連接什麼和什麼，必須將這兩項要素明確表達出來的緣故。但在句尾時，情形另當別論。例如：

　　^{8}cjət ^{1}pwǎn cheq／^{7}sjənsē／'ě（即本册先生个）

　　^{8}cjət ^{1}ljǎ sā／chjəŋ'ě（即領衫穿个）

前者表所屬格，'ě(个)自成一個「聲調群」。後者爲輕聲，依附於之前的 chjəŋ，可視爲將動詞或形容詞轉化爲名詞的一種附屬詞。

　　第六，例3的台語持續貌 te'q 的用法相當有趣。它可以自成一個「聲調群」。由此可見其地位值得強調(但它是附屬詞，不是自立詞)。它必須用於動詞和形容詞(具有動詞色彩)之前，表示這些動作或狀態目前正存在於一個場景中。

　　以上就「聲調群」和語法之間饒富趣味的關係，舉出若干實例試加說明。當然，對此給於過高評價，試圖由此導出所有結論的偏頗態度必須嚴加避免，但筆者認爲一般民衆的語言意識還是必須充分加以尊重。難以被一般民衆接受的語法，應該不是一部好語法吧。

〔注釋〕

❶台語通常被認爲是通行於台澎地區的福建話(閩南語)。本文所述台語的發音、聲調都是來自於筆者對家鄉台南市所用的台語所做的觀察。

❷陰上和陽上並無區別，所以通常說成上聲。具直覺色彩的聲調符號沿襲
教會羅馬字，但將第五聲∧改爲∨。因爲如此較合乎實際。

下列是《廈門音系》中所用的「字母式聲調符號」。

羅常培所設定的聲調在一般五線譜上的位置如下：

```
1聲  2   3   4   5   7   8
55： 51： 11： 32： 24： 33： 4：
```

❸周辨明稱之爲「喪失的第六聲」，現在分屬於其他的聲調，只不過在變調
規律的 7＞6、8＞6 中可見其蛛絲馬跡而已。參見 Chiu Bien-Ming：
The Phonetic Structure And Tone Behaviour In Hagu(Commonly
known as the Amoy Dialect)And Their Relation To Certain Ques-
tions In Chinese Linguistics, 1934。

❹拉丁化仍處於從音韻學角度加以詮釋的階段，嚴格說來，必須加上／
／ 的符號。不僅限於台語，這個音系普遍適用的拉丁話還無法跳脫試行
方案的層次。

❺變調有時會因人而有不同的觀察結果。例如周辨明觀察的結果是：

```
1   2   3   4   5   7   8
∨   ∨   ∨   ∨   ∨   ∨   ∨
7   1   2   8   7   3   3   （引自《廈門音系》所引用的 Lessons
                                         in Hagu）
```

而岩崎敬太郎觀察的結果則是：

```
1   2   3   4   5   7   8
∨   ∨   ∨   ∨   ∨   ∨   ∨
7   1   2   8   3   3   4   （引自《新撰日台言語集》）
```

下面畫線的部分和筆者的觀察不同。不過羅常培只承認 4＞8 的變調，
對其餘則表示懷疑（《廈門音系》p.26）。

❻周辨明主張的「喉頭塞音變調規律」(glottalstop tone-shift)只有 4＞2，

並未提及 8＞3。

❼根據李獻章(《福建語法序說》p.160～163)所述，'著'(teq 或 leq)不只出現在動詞、形容詞之後，也會出現在動詞、形容詞之前。他認爲 ³'əm ⁷thaŋ tá le˙(唔通倒咧＝不可以躺著)的語氣詞 le˙ 是持續貌。關於這一點，我認爲可以從「聲調群」的觀點加以反駁。le˙ 有可能來自 te˙q→le˙q→le˙的變化過程，但從共時論的角度來看，它只不過是和 la˙(啦)、lē˙(呢)、bā˙(麼)屬於同一系列的語氣詞。

（1955 年 7 月 27 日）

（刊於《中國語學》41期，中國語學研究會，1955年8月）
（黃舜宜譯）

三字集講釋

　　《三字集》(saN¹-li⁷-cip⁸)＊是台灣紅色救濟會(tai⁵-uan⁵-ang⁵-sik⁴-kiu³-ce³-hue⁷)於 1931 年秋天，在一部分農民間秘密散發的一本宣傳小冊。

　　我特別將這份資料提出來介紹的原因，主要當然是它以台語寫作的親切感，在語言學上，也是極爲珍貴的研究材料，還有，共產主義思想在當時的台灣共產黨員之間究竟被如何理解？又如何使用台語加以表現？這些都足以供作我們的參考。

　　《三字集》這個名稱，應該源自於其每三字一句的結構，這個構想明顯來自《三字經》(人之初)，就創意而言，的確是個絕佳的點子。畢竟在《三字經》的耳濡目染之下，人們對於三字一句的規則韻律早已十分熟悉，如果能夠像「唸册歌」(liam⁷-cheq⁴-kua¹)一般朗朗上口的話，即使內容未經過特別解釋，一般農民也能夠馬上理解其意，這應該是原始創作者最主要的企圖。

　　《三字集》全部內容有 694 句(結尾還包括一首四句的七言詩)，上卷 432 句，下卷則有 262 句。

　　＊ 羅馬字標記依筆者草案。1＝陰平　2＝陰上　3＝陰去　4＝陰入
　　　5＝陽平　6＝陽上(無)　7＝陽去　8＝陽入　0＝輕聲。

筆者打算分三次介紹(編按：本書已彙整為一篇)。順便一提，吾輩今日之所以得窺其全貌，原是依賴日本警察沒收這份宣傳品後所留下的官方記錄，說來不免諷刺。

最近在東京「台灣史料保存會」的努力之下，《日本統治下的民族運動　下》終於得以復刻重新問世，而《三字集》即收錄在其中的〈第三章　共產主義運動〉(pp.777~780)。至於其原始出典的《台灣總督府警察沿革誌　第二篇　領台以後的治安狀況　中卷　社會主義運動史》(昭和14年9月28日發行)，在關心的圈內人之間更是傳說中的奇書。

根據文獻記載，編纂這本《三字集》的，是曾任農民組合中央委員的共產黨員陳結(本籍台中州，27歲，教育程度「中等」)。

陳結的本籍雖是台中州，但他長期在台南州嘉義郡的竹崎一帶活動，因此，所押的韻腳與筆者相同，都是台南腔(同時包含漳州腔與泉州腔)，依此可推知，當時台南腔應通行於嘉義郡內。

編者當時為年方二十七歲的青年(如後所述，應有原始依據的版本)，這個事實令筆者相當驚訝。畢竟現在的年輕一代，有些連台語都說不好，能寫出這種作品的，實屬不易，更何況在日本警察的強力追緝之下，在短短不到兩個月時間內，不僅完成了編輯、印刷與裝訂的工作，甚至還幫忙散發，每思及此，筆者便不禁覺得十分汗顏。

台灣共產黨在1928年(昭和3年)4月成立於上海的法國租界。他們在島內以秘密方式滲透進入合法的文化協會及農民組合之中，在檯面下推行各項組織活動。直到1930年末，警方才得知台灣共產黨的存在，經過了大約半年的準備期間，於1931年

6 月底到 8 月之間，在全島進行地毯式的搜捕行動，結果黨中央遭到毀滅性的打擊。

　　僥倖逃過一劫的黨員立刻著手進行組織重建的工作，而扮演領導中心的，便是台灣紅色救援會。其實務操作者暫定爲文化協會或農民組合的各地方負責人，陳結則負責他一向活躍的竹崎地區。陳結除了積極促成竹崎班的成立與訓練之外，同時還爲本部大力蒐集各種資訊，整理宣傳品的原稿及籌募出版資金等，留下極爲豐碩的成果(請參照前揭書 p.771)。

　　其實早在 8 月 9 日，在台中召開的台灣紅色救援會的組織協調會議中，即已決議發行兼具宣傳與訓練作用的組織刊物，實際作業則由竹崎地方的領導者陳結負責。後來當陳結回到竹崎之後，向本部的簡吉(黨員，31 歲)請求人力支援，結果本部派遣陳神助(台中州竹山地方負責人，農民組合本部成員，21 歲，黨員)前往協助，並於竹崎庄樟腦寮(阿里山鐵道獨立山山腰)張城所有的龍眼乾燥小屋中設置秘密活動據點。當陳結於此地處理文稿之際，命陳神助攜 20 餘圓活動費用，前往嘉義李明德(文化協會會員，27 歲)處取回向簡吉申請支援的複寫鋼版，並購買若干撰寫用的稿紙。這些物資都央托竹山地區的同志林水福(農民組合成員，29 歲)運往山中，同時在張城家人的協助下展開宣傳刊物的印刷作業。

　　9 月底左右，半紙四開形式印刷的宣傳單《二字集》250 份、《三字集》400 份，以及組織刊物《眞理》第一期 150 份印製完成，其中，《二字集》200 份、《三字集》300 份，及《眞理》第 1 號 100 份，交由張城之子張添龍負責，送往林水福住處，然後再伺機運往位於台中的農民組合本部。

　　10 月 5 日，陳神助再度前往嘉義購買各類用紙，然後交由林水福負責運送，10 月 12 日，在前面所提及的龍眼乾燥小屋附近距離約 200 公尺人跡罕至的溪谷中的新據點，印製 250 份的《眞理》第二期，以及《眞理》的救援運動特刊 150 份，除每種留下 50 份之外，其餘合計 300 份，全數由陳結及陳福助兩人攜帶，越過山頭運往小梅庄紹安寮的許登此(農民組合成員，25 歲)住處，然後再由此地輾轉運交林水福。

　　到了 11 月中旬，《眞理》第三期(紀念蘇俄革命紀念日)150 份在新據點印製完成，孰料不久林水福在竹山被捕，消息傳來，陳結連忙逃往阿里山，至於印刷器材及原稿等，則交由陳神助等隱藏在據點附近的岩洞之中(請參照前揭書 p.776)。

　　這便是陳結等人活動事跡被發覺的整個經過。

　　原來在全島共產黨大搜捕行動之後，日本警方也開始對文化協會、農民組合的一舉一動提高警覺，結果 9 月 4 日警方在嘉義郡小梅庄經營水果行的翁郡店頭發現一份忘了收起來的《三字集》。警方於是開始積極佈線，11 月間又在台中州的竹山郡發現同類刊物，循線查獲了負責散發刊物的林水福。

　　經過審訊，警方得知刊物係由陳結負責印製，同時還在本部發現了尚未散發的《二字集》、《三字集》及《眞理》第 1～3 期，被扣押的刊物合計 800 份。

　　緝捕行動立刻來到了竹崎一帶，12 月 2 日，陳結終於在阿里山(新高郡和社溪)的莊連坤家中被捕。

　　陳結被捕之後，台灣紅色救援會隨之瓦解。除了協力者陳神助之外，全台各地的成員也被一舉牽連，造成台灣共產黨從此無

法再起的命運。

　　儘管陳結與陳神助二人不知何故被列為「公訴權消滅的主要人物」，然而這次所有被捕的共產黨員都依照治安維持法起訴，分別被處以最多 15 年、最少 2 年的徒刑。換成現在的國府政權，這些共產黨員早就遭到槍斃了。

　　結果這些費盡千辛萬苦，好不容易才送到林水福手上的刊物絕大部分都被警方扣押，令人徒呼負負。幸好陳結手中留存的部分還來得及搶在第一時間散發出去，透過救援會班的組織，翻印散佈到不少地區。看到這裏，不禁令人拍案叫好！在事後的調查行動中，連警察也不得不大表驚訝，原來有不少人已經將整本《三字集》背誦下來，光從這一點就能看出其內容深入人心的程度。

　　台灣共產黨為了進行思想教育的宣傳工作，曾經印製了《共產主義 ABC》、《青年教程》、《資本主義的詭計》等數種指導書刊，但這些幾乎都是以日文撰寫，後來才有人強調應製作台灣白話文的宣傳材料(例如昭和 3 年 12 月所提出的「農民問題對策」。其實這份提案本身即以台語撰寫，請參照前揭書 p.1093)。

　　1930 年(昭和 5 年)秋天，台灣農民組合台南州支部聯合會‧嘉南大圳鬥爭委員會所發出的鬥爭指令中，即明白要求成員們「應時時謹記三字句中之『賊政府，卻重稅，賊官廳，萬項卜』幾句重點」。從這段文字可以推知，在前述這份提案提出後不久，應該就有類似《三字集》的宣傳刊物出現。

　　由於目前並沒有任何足供參考比較的資料，無法得知《三字集》中屬於陳結本身的創意部分究竟有多少，但由於《三字集》此

一單行本的存在，使全力奉獻編纂、發行作業的陳結必然在台灣人奮鬥史中留下不可磨滅的功績。

　無產者　散鄉人　bu⁵-san²-cia² san⁵-hiong¹-lang⁵
　　注：「無產者」出自日語。san³-hiong¹ 詞源不詳。也有一些地方說成 song³-hiong¹。lang⁵ 正字爲「儂」。

　勞働者　日做工　lo⁵-tong⁷-cia² lit⁸ co³-kang¹
　　注：「勞働者」也是借用語，一般稱「工人」。「做」，漳州音唸成 co³。由後面的押韻可知。

　做不休　負債重　co³ put⁴-hiu¹ hu⁷-ce³ tang⁷
　　注：「不休」爲文言。

　住破厝　壞門窗　khia⁷ phua³-chu³ phainᴺ² mng⁵-thang¹
　　注：khia⁷ 正字爲「倚」。chu³ 正確語源可能是「處」。phainᴺ² 語源不詳。thang¹ 較有可能是出自「通」。

　四面壁　全是穴　si³-binᴺ⁷ piaq⁴ cuan⁵-si⁷ khang¹
　　注：khang¹ 正字爲「空」。

　　　　　　　　　　　　　　　以上 10 句押 ang 韻。

　無電燈　番油點　bo⁵ tian⁷-ting¹ huan¹-iu⁵ tiam²
　　注：bo⁵ 正字爲「毛」。huan¹-iu⁵ 一般叫 huan¹-a²-iu⁵，燈油之意。將動詞「點」放在賓語後，是爲了押韻的技巧。

　三頓飯　蕃薯簽　sanᴺ¹-tng³ png⁷ han¹-cu⁵-chiam¹

　每頓菜　豆　塩　mui²-tng³ chai³ tau⁷-pou⁵ iam⁵
　　注：pou⁵ 正字爲「脯」。

設備品　萬項欠　siat⁴-pi⁷-phin² ban⁷-hang⁷ khiam³
　注：「設備品」爲笨拙的借用語。

　　　　　　　　　　　　　　以上 8 句押 iam 韻。

吾衣裳　粗破布　ngou² i¹-cioɴ⁵ chou¹-phua³-pou³
　注：「衣裳」爲文言。改爲「我分衿」gua² e⁵ saɴ¹ 如何？

大小空　烏白補　tua⁷-sue³ khang¹ ou¹-peq⁸ pou²
　注：sue³ 正字爲「細」。「烏白」一詞是台語風趣的表現，
　亂七八糟之意。

吾帽子　如桶箍　ngou² bo⁷-cu² lu⁵ thang²-khou¹
　注：「子」讀文言音。「如」是文言，用俗語「像」chiuɴ⁷ 即
　可。

咱身軀　日曝黑　lan² sing¹-khu¹ lit⁸ phak⁸ ou¹
　注：包括對方在內的「咱」是假借字，語源不詳。

老至幼　着勞苦　lo² ci³ iu³ tioq⁸ lo⁵-khou²
　注：「老」、「至」、「幼」皆爲文言。「着」，情意詞，相當於
　中國話的「得」。

瘦田畑　納責稅　san² chan⁵-hng⁵ lap⁸ ce³-sue³
　注：san² 正確語源可能是「散」。hng⁵ 正字爲「園」。

染病時　無人顧　liam²-peɴ⁷-si⁵ bo⁵ lang⁵ kou³
　注：「染」有文言色彩。「破病」phua³-peɴ⁷ 較爲通行。

　　　　　　　　　　　　　　以上 14 句押 ou 韻。

咱綿被　世界薄　lan² mi⁵-phue⁷ se³-kai³ poq⁸

注：「世界」是相當有趣的副詞。「世界一」se³-ki³-it⁴(借自日語？)的簡略。

厚內衫　大概無　kau⁷ lai⁷-saɴ¹ tai⁷-khai³ bo⁵

布袋衣　拵外套　pou³-te⁷-i¹ cun² gua⁷-tho³

注：「拵」之漢字頗艱澀，大概讀做 cun²，正字爲「準」。

寒會死　也着做　kuaɴ⁵ e⁶ si² ia⁷ tioq⁸ co⁸

冬天時　迫近到　tang¹-tiɴ¹-si⁵ pik⁴-kin⁷ to³

注：「到」，文言。

老大人　痰沓沓　lau⁷-tau⁷-lang⁵ tham⁵ lo⁵-lo⁵

注：「沓」音 iau²，當借字用不知應如何唸？姑且讀做 lo⁵-lo⁵

少女兒　流鼻蚵　siau²-lu²-li⁵ lau⁵ phiɴ⁷-ko⁵

注：「少女兒」，文言。ko⁵ 有四處沾黏之意，語源不詳。

一家內　寒餓倒　cit⁴-ke¹-lai⁷ kuaɴ⁵ go⁷ to²

注：「寒餓倒」的說法勉強可通。

腸肚哼　哼哼號　tng⁵-tou⁷ hiɴ¹ hiɴ¹-hiɴ¹ ho⁷

注：「哼」不知如何唸，姑且讀做 hiɴ¹。「號」，文言。

以上 18 句押 o 韻。「薄」poq⁸ 入聲，但可押韻。

斷半錢　請醫生　tng⁷ puaɴ³-ciɴ⁵ chiaɴ² i¹-sing¹

注：意思是沒錢看醫生。

不得已　祈神明　put⁴-tik⁴-i² ki⁵ sin⁵-bing⁵

注：「祈」，文言。用「求」kiu⁵ 較佳。

雙隻腳　跪做前　siang¹-ki¹ kha¹ kui⁷ co³ cing⁵

注：「隻」ciaq⁴，這時讀做 ki¹。

金香紙　陸續前　kim¹-hioɴ¹-cua² liok⁸-siok⁸ cing⁵

注：「金香紙」是「金紙」和「香」，臨時造成一個詞。「陸續前」不成詞，但意思勉強可通。

嘴出聲　誓豬敬　chui³ chut⁴-siaɴ¹ se⁷ ti¹ king³

注：chui³ 正字爲「喙」。「誓」爲借字，讀作 se⁷，但用「刣」thai⁵ 較爲適當。

沒聽着　佛神明　bo⁵ thiaɴ¹-tioq⁰ put⁸-sin⁵-bing⁵

注：「佛神明」是「佛」和「神明」合爲一詞。比前面的「金香紙」通順。

豈有力　來同情　khi¹ iu²-lik⁸ lai⁵ tong⁵-cing⁵

注：「豈」，文言。「有力」也可讀做口語 u⁷-lat⁸。

那瞬間　變惡症　na² sun³-kan¹ pieɴ³ ok⁴-cing³

注：「那」、「瞬間」，文言。

哀一聲　失生命　ai¹ cit⁴-siaɴ¹ sit⁴ sing¹-bing⁷

注：「哀」，擬聲語。「生命」，文言，口語爲 seɴ³-mia⁷「性命」。

噯呵喲　叩頭殼　ai¹-io³-ue⁵ khok⁸ thau⁵-khak⁴

注：「噯呵喲」，擬聲語。

爭心肝　父母情　cing¹ sim¹-kuaɴ¹ hu⁷-bo²-cing⁵

注：cing¹，「用有重量的東西搥打」，正確語源可能是「舂」字。

以上 22 句押 ing 韻。

以上即第一節，描寫普羅大眾的悲慘境遇。

沒覺醒　重惹禍　be^7 kak^4-cheN^2 ting^5 lia^2 ho^7

無團結　慘難遇　bo^5 thuan^5-kiat^4 cham^2-lan^7 gu^7
　　注：「慘難」是臨時造詞。賓語出現於動詞之前。

設團體　眾協和　siat^4 thuan^5-the^2 ciong^3 hiap^8-ho^5

萬項事　自己做　ban^7-hang^7-su^7 cu^7-ki^2 co^3
　　注：「自己」是訓讀，讀成 ka^1 ti^7 也通。

要努力　力自靠　ai^3 lo^5-lik^8 lat^8 cu^7-kho^3
　　注：「努力」正確讀法為 lou^2-lat^8，是「謝謝」的語源，應
　　寫成「勞力」。「自」，文言。

惡地主　來打倒　ok^4 te^7-cu^2 lai^5 taN^2 to^2

惡制度　來毀破　ok^4 ce^3-tou^7 lai^5 hui^2-pho^3
　　注：「毀破」，文言。

這時候　萬人好　ce^2 si^5-hau^7 ban^7-lang^5 ho^2
　　注：「這」，借字。正確語源可能是「者」字。

　　　　　　　　　　　　　　　　　以上 16 句押 o 韻。

資本家　收大租　cu^1-pun^2-ka^1 siu^1 tua^7-cou^1
　　注：「大租」原義是大租戶向佃農收取的地租。

大會社　大規模　tua^7 hue^7-sia^7 tua^7 kui^1-bou^5
　　注：「會社」是借用語，已融入台灣人的生活中。

一秒間　儲數円　cit^4-bio^2-kan^1 than^3 sou^3-khou^1
　　注：表單位的「秒」沒有「分」那麼常用。「儲」可讀做 than^3，

正字為「趁」。「円」讀做 khou，正字為「箍」。昭和初期台灣勞工一日工資為 30～50 錢。

強剝奪　很糊塗　kiong⁵ pak⁴-tuat⁸ hun² hou⁵-tou⁵

注：「剝奪」，文言。中國話「很」為常用語，在台語中是生硬的文言。可見編者略通中國白話文。用台語副詞「真」cin¹ 即可。「糊塗」本來是不負責任的意思。

住樓閣　妾多數　khia⁷ lau⁵-koq⁴ chiap⁴ to¹-sou³

注：「樓閣」，文言音讀做 lou⁵-kok⁴。均非口語。「妾」即是口語「細姨」se³-i⁵。「多數」亦為文言。

以上 10 句押 ou 韻。

食山珍　兼海味　ciaq⁸ san¹-tin¹ kiam¹ hai²-bi⁷

注：「山珍海味」是成語，此處被拆開使用。

飲燒酒　鷄肉糸　lim¹ sio¹-ciu² ke¹-baz⁴-si¹

注：「燒酒」為「酒」的雙音節語。酒原本是溫燙而飲之物。lim¹ 語源不詳。

香肉干　紅燒魚　phang¹ baq⁴-kuaN¹ ang⁵-sio¹-hi⁵

注：phang¹ 正字為「芳」。

吃不完　就捨棄　sit⁸ put⁴ uan⁵ ciu⁷ sia³-khi³

注：「吃不完」不知應如何唸。「吃」是極平易的中國話，但在台語中是 100% 的文言。這裡說成「食未了」ciaq⁸ be⁷ liau²，並無任何不妥之處。「捨棄」也是文言，口語為 tho² -kak⁸。

金甌碗　象牙箸　kim¹-au¹-uaN² chioN⁷-ge⁵-ti⁷

注：「金碣碗」是臨時造詞，茶杯叫做「茶碣」te^{5}-au^{1}，飯碗叫「碗」uaN^{2}。

用石棹　籐猴椅　ing^{7} cioq^{8}-toq^{4} tin^{5}-kau^{5}-i^{2}

注：「石棹」，在庭院宴客時用。

牠身裝　很奢侈　thaN^{1} sin^{1}-cng^{1} hun^{2} chia^{1}-chi^{2}

注：「牠」借自中國白話文。「奢侈」，文言。

燕尾服　毛綢絲　ian^{3}-bue^{2}-hok^{8} mng^{5}-tiu^{5}-si^{1}

注：「燕尾服」，借用語。通常不論晨禮服或晚禮服，都說成「禮服」le^{2}-hok^{8}。「毛綢絲」是臨時造詞。

紅皮靴　仕底記　ang^{5} phue^{5}-e^{5} su^{7}-te^{2}-ki^{3}

注：「靴」讀做 e^{5}。「鞋」較正確。「仕底記」爲有趣的音譯。

金時錶　金手指　kim^{1} si^{5}-pio^{2} kim^{1} chiu^{2}-ci^{2}

金眼鏡　金嘴齒　kim^{1} bak^{8}-kiaN^{3} kim^{1} chui^{3}-khi^{2}

注：chui^{3}，語源「啐」較爲正確。

這強盜　想計智　ce^{2} kiong^{5}-to^{7} sioN^{7} ke^{3}-ti^{3}

注：指示詞和名詞之間的數量詞被省略。通常說成「即兮強盜」cit^{4} e^{5} kiong^{5}-to^{7}。

連政府　得大利　lian^{5} cing^{3}-hu^{2} tit^{4} tua^{7}-li^{7}

注：「連」，文言。有口語「鬪」tau^{3}，居然不用。

開墾地　盡搶去　khai^{1}-khun^{2} te^{7} cin^{7} chioN^{2}-khi^{3}

現國家　照牠意　hian^{7} kok^{4}-ka^{1} ciua^{3} thaN^{1}-i^{3}

有錢人　的天年　u^{7}-ciN^{5}-lang^{5} e^{5} thiN^{1}-ni^{5}

工業家　設機械　kang^{1}-giap^{8}-ka^{1} siat^{4} ki^{1}-khi^{3}

注：「工業家」指工業資本家。「機械」應讀 ki^{1}-hai^{7}，但

hai⁷ 無法押韻。「機械」，文言，通常說成「機器」。這裡
應寫成「機器」才對。

愈文明　咱愈死　lu² bun⁵-bing⁵ lan² lu² si²
注：「咱」，借字。正確語源不詳。

失業者　滿滿是　sit⁴-giap⁸-cia² mua²-mua²-si⁷

愛做工　無好去　ai³ co³-kang¹ bo⁵ ho² khi³

倘有職　很少錢　thong² u⁷ cit⁴ hun⁴ cio²-cin⁵
注：「倘」借自中國白話文。應該用口語「準」cun²。「職」也
是文言，用於此處尚可接受。

趁無食　愛寒飢　than³ bo⁵ ciaq⁸ ai³ kuaₙ⁵-ki¹
注：「趁無食」乃 than³ bo⁵ thang¹（通）ciaq⁸ 的簡縮形。
「愛」相當於中國白話文的「要」。

飲塞錢　渡生死　lim¹ ce³-cin⁵ tou⁷ seₙ¹-si²
注：「塞」只能讀做 sai³（「要塞」）sik⁴, sat⁴，顯然是誤字。
本來可能要用「債」字。

無打緊　這時機　bo²-taₙ²-kin² ce² si⁵-ki¹
注：「無打緊」是有趣的複合詞。

土地賊　逆天理　thou²-te⁷-chat⁸ gik⁸ thian¹-li²

搾取咱　無慈悲　ca³-chu² lan² bo⁵ cu¹-pi¹
注：「搾取」乃生硬的借用語。

　以上52句押 i 韻。包括鼻母音。i 音字頗多，可輕鬆押韻。

賊政府　卻重稅　chat⁸-cing³-hi² khioq⁴ tang⁷-sue³
賊官廳　萬項卜　chat⁸-kuaₙ¹-thiaₙ¹ ban⁷-hang⁷ bueq⁸

注：「賊」原指盜賊，這裡用來稱呼政府、官吏，含有憎惡之意。

以上 2 句押 ue 韻。

越愈散　卻越重　uat⁸-lu²　san³　khioq⁸　uat⁸　tang⁷
注：「越」、「越愈」，文言。

走狗派　欺騙人　cau²-kau²-phai³　khi¹-phain³　lang⁵
注：「欺騙」，文言。

講要納　照起工　kong²　ai³　lap⁸　ciau³　khi²-kang¹
注：「照起工」，正字為「照紀綱」，即按規矩辦事。

以上 6 句押 ang 韻。

納稅金　飼官狗　lap⁸　sue³-kim¹　chi⁷　kuaᴺ¹-kau²
注：「稅金」，借用語。「官狗」即「官」與「狗」。

害咱死　目屎流　hai⁷　lan²　si²　bak⁸-sai²　lau⁵

抗租稅　着計較　khong³　cou¹-sue³　tioq⁸　ke³-kau³
注：「抗」，文言。

日政府　土匪頭　lit⁸-cing³-hu²　thou²-hui²-thau⁵

以上 8 句押 au 韻。

徵稅金　造戰艦　ting¹　sue³-kim¹　co⁷　cian³-lam⁷
注：「徵」，文言。am 韻僅止於末句。

為戰爭　無分寸　ui⁷　cian³-cing¹　bo⁵　hun¹-chun³
注：「戰爭」，文言。

大相刣　的時瞬　tua⁷ sio¹-thai⁵ e⁵ si⁵-cun⁷

　注：「相刣」係「戰爭」的口語。thai⁵ 的語源不詳。si⁵-cun⁷ 的正確語源爲「時順」。

抵用錢　如土糞　teq⁴ ing⁷ ciN⁵ lu⁵ thou⁵-pun⁵

　注：teq⁴ 的語源不詳。thou⁵ 正字「塗」。「土」thou² 引申爲「卑俗」之義。

資本閥　免出本　cu¹-pun²-hua⁸ hian² chut⁴-pun²

　注：「～閥」，借用語。

若刣輸　牠免損　na⁷ thai⁵ su¹ thaN¹ bian² sun²

　注：na⁷，用「那」字較正確。「損」，文言。

勝利時　得大份　sing³-li⁵-si⁵ tit⁴ tua⁷-hun⁷

　注：「勝利」，文言。口語爲 thai⁵ iaN⁵「刣贏」。

以上句子押 un 韻。

戰爭近　飛行機　cian³-cing¹ kin⁷ hui¹-hing⁵-ki¹

　注：「飛行機」，借用語。不像中國話說成「飛機」。

冥明練　不休止　me⁵-lit⁸ lian⁷ put⁴ hiu¹-ci²

　注：「明」乃「日」之誤。「不」、「休止」，文言。

兵演習　似做戲　ping¹ ian²-sip⁸ su⁷ co³-hi³

　注：「演習」，借用語。「似」，文言，口語「像」。

市街戰　要防禦　chi⁷-ke¹-cian³ ai³ hong⁵-gu⁷

　注：「要防禦」，直譯是必須防禦的意思。依上下文，解釋成不敢領教。「防禦 gu」沒有押韻，用「備」pi⁷ 較佳。

假相刣　夜間時　ke² sio¹-thai⁵ ia⁷-kan¹-si⁵

注：「夜間」，借用語。

浪人工　費大錢　long⁷ lang⁵-kang¹ hui³ tua⁷-ciN⁵
　注：將文言「浪費」臨時拆開使用。

戰一擺　呆算起　cian³ cit⁴-paiN² phaiN² sng³-khi²

以上 14 句押 i 韻。

日本兵　練打銃　lit⁸-pun²-ping¹ lian⁷ phaq⁴-ching³
　注：phaq⁴ 正字為「拍」。

為侵略　起戰爭　ui⁷ chim¹-liok⁸ khi² cian³-cing¹

戰爭時　無僥倖　cian³-cing¹-si⁵ bo⁵ hiau¹-hing³
　注：「僥倖」為女性的罵人之語，過份、不正經之意。這裡
　用的是本義「偶然的幸運」。

貧工農　死代先　pin⁵-kong¹-long⁵ si² tai⁷-sing¹
　注：「貧工農」是臨時造詞。意思可通。tai⁷-sing¹ 寫成「第
　先」較為正確。

以上 8 句押 ing 韻。

警察狗　練弓箭　king³-chat⁴-kau² lan⁷ king¹-ciN³

學柔道　推白旗　oq⁸ liu⁵-to⁷ thui¹ peq⁸-ki⁵
　注：「白旗」有諷刺太陽旗的味道。

郡役所　遊□矢　kun⁷-iaq⁸-sou² iu……si²
　注：一字不清楚，未能判讀。

帝主義　切迫時　te³-cu²-gi⁷ chiat⁴-pik⁴-si⁵
　注：「帝主義」乃帝國主義的簡縮。

總動員　周準備　cong²-tong⁷-uan⁵ ciu¹ cun²-pi⁷
　注：「周」爲文言。

日月潭　設電氣　lit⁸-guat⁸-tham⁵ siat⁴ tian⁷-khi³

沿海岸　刊滿是　ian⁵-hai²-huaN⁷ khan¹ mua²-si⁷
　注：「沿」，文言。「刊」正確應爲「牽」。「滿是」，「滿四界」
　mua² si³-kue³ 之意。

沖海底　埋暗器　chiong¹ hai²-te² tai⁵ am³-khi³
　注：「埋暗器」，埋設機關之意。「埋」是借字，正確語源不
　詳。

人電着　隨時死　lang⁵ tian⁷-tioq⁶ sui⁵-si⁵ si²
　注：「電着」一詞十分有趣。中國話無此詞。

打狗山　設炮台　TaN²-kau²-suaN¹ siat⁴ phau³-tai⁵

騙民衆　假病院　phian³ bin⁵-ciong³ ke² peN⁷-iN⁷
　注：「假」當動詞用，冒充的意思。

電信台　堅鐵機　tian⁷-sin³-tai⁵ kian¹ thiq⁴-ki¹
　注：「堅」本來是凝固有如結冰的意思。「鐵機」改用「鐵絲」
　thiq⁴-si¹ 亦可。

可通信　能相知　kho² thong¹-sin³ ling⁵ siong¹-ti¹
　注：「可」、「能」皆爲文言。

　　　　　　　　　　　　　以上 26 句押 i 韻。

日政府　很奸巧　lit⁸-cing³-hu² hun² kan¹-khaiu²
大車路　造雙條　tua⁷-chia¹-lou⁷ co⁷ siang¹-tiau⁵
　　　　　　　　　　　　　以上 4 句押 iau 韻。

白色匪　起無道　peq⁸-sik⁴-hui² khi² bu⁵-to⁷

注：「白色匪」是共產黨所用的辱罵詞，「白」、「紅」爲外來的意識形態用語。

陸軍路　直直造　liok⁸-kun¹-lou⁷ tit⁸-tit⁸ co⁷

抽人夫　每年做　thiu¹ lin⁵-hu¹ mue²-ni⁵ co³

注：「人夫」，文言。「造」限於土木工程。

以上 6 句押 o 韻。

因戰爭　有不利　in¹ cian³-cing¹ u⁷ put⁴-li⁷

欺騙咱　刈竹籬　khi¹-phain³ lan² thiaq⁴ tik⁴-li⁵

說防過　寒熱痢　sueq⁴ hong⁵-gu⁷ kuaN⁵-liat-li⁶

注：「防過」乃「防遇(樂)」之誤。瘧疾稱爲「寒熱病」kuaN⁵-liat⁸-peN⁷，因押韻之故，作「痢」。瘧疾通常不會引發下痢。

吾要識　這意義　ngou² ai³ bat⁴ ce² i³-gi⁷

反動狗　反瞞欺　huan²-tong⁷-kau² huan² mua⁵-khi¹

注：「反」和「反動」都是文言。爲押韻之故，將「欺瞞」顛倒成「瞞欺」。

說盡忠　不怕死　sueq⁴ cin⁷-tiong¹ m⁷-phaN³ si²

即是民　應該是　ciaq⁴-si⁷ bin⁵ ing¹-kai¹ si⁷

吾同胞　須銘記　ngou² tong⁵-pau⁵ su¹ bing⁵-ki³

注：「須」、「銘記」皆爲文言。

以上 16 句押 i 韻。

咱着裁　大相刣　lan² tioq⁸ cia¹ tua⁷ sio¹–thai⁵

　　注：「裁」，借字，詞源不詳。

資本閥　第一愛　cu¹–pun²–huat⁸ te⁷–it⁴ ai³

　　　　　　　　　　　　　　以上 2 句押 ai 韻。

戰爭起　牠免死　cian³–cing¹ khi² thaN¹ bian² si²

尚且彼　乘那時　siong⁷–chiaN² pi² sing⁷ na²–si⁵

　　注：「那」，文言。

騰物價　得大利　thing⁵ but⁸–ke³ tit⁴ tua⁷–li⁷

　　注：「騰」，文言。

戰爭到　的時機　cian³–cing¹ kau³ e⁵ si⁵–ki¹

　　注：kau³，正字爲「夠」。

散鄉人　着慘死　san³–hiong¹–lang⁵ tioq⁸ cham²–si²

貧工農　亡身屍　pin⁵–kong¹–long⁵ bong⁵ sin¹–si¹

壯男人　被召去　cong³–lam⁵–lin⁵ pi⁷ tiau³–khi³

　　注：「壯男人」是臨時造詞。「被」，文言。

做工人　無工錢　co³–kang¹–lang⁵ bo⁵ kang¹–ciN⁵

青年們　着裁死　ching¹–lian⁵–bun⁵ tioq⁸ cai¹ si²

　　注：「青年」，由文言轉爲口語。「們」是中國白話文的借用
　　語，台語不能通用。

派出所　召咱去　phai³–chut⁴–sou² tiau³ lan² khi³

練壯丁　扛銃子　lian⁷ cong³–ting¹ kng¹ ching³–ci²

　　　　　　　　　　　　　　以上 22 句押 i 韻。

徵牛馬　運糧資　ting¹ gu⁵-be² un⁷ niu⁵-cu¹

老夫人　顧空厝　lau⁷-hu⁷-lin⁵ kou³ khang¹-chu³
　注:「顧空厝」,留守空屋之意。

要自計　無人扶　ai³ cu⁷-ke³ bo⁵ lang⁵ hu⁵
　注:「自計」,文言。「無人扶」,無人照料。

起反亂　數無久　khi² huan²-luan⁷ sou³ bo⁵ ku²
　注:「數」,「日數」lit⁸-sou³ 之略語。

以上8句押u韻。

吾兄弟　爲此死　ngou² hiaɴ¹-ti⁷ ui⁷ chu² si²

咱父母　爲此饑　lan² hu⁷-bo² ui⁷ chu² ki¹

目滓流　目滓滴　bak⁸-sai² lau⁵ bak⁸-sai² tiq⁴

無通食　亦是死　bo⁵ thang¹ ciaq⁸ iaq⁸ si⁷ si²

以上8句押i韻。

這原因　在何處　ce² guan⁵-in¹ cai⁷ ho⁵-chu³
　注:「在」、「何處」皆爲文言。

私有制　保大富　su¹-iu²-ce³ po² tua⁷-fu³
　注:「私有制」借自日語,不容易聽懂。「保」,爲「保護」po²-hou⁷ 之略語。

可怨恨　賊政府　kho² uan³-hin chat⁸ cing³-hu²

虐待貧　且殺誅　giok⁸-thai⁷ pin⁵ chiaɴ² sat⁴-tu⁵
　注:「虐待」、「且」爲比較常用的文言。「殺誅」是爲押韻所

造的新詞。「貧」爲純文言。

赤貧民　被欺負　chiaq¹-pin⁵-bin⁵ pi⁷ khi¹-hu⁷

　　注:「赤貧民」,臨時造詞。

剿躂咱　做馬牛　ciau¹-that⁴ lan² co³ be²-gu⁵

　　注:「剿躂」正字爲「蹧躂」cau¹-that⁴,欺壓之意。

以上 12 句押 u 韻。

以上第 2 節,批評政府的壓制與搾取。

露西亞　赤蘇俄　Lou⁷-se¹-a¹ chiaq⁴ sou¹-ngou⁵

　　注:台語的「赤」有潑辣之意。譯成「紅」ang⁵ 較妥。到這

　　裡,蘇俄登場了。

蘇維埃　工農操　sou¹-i⁵-ai¹ kong¹-long⁵ cho¹

　　注:「操」來自日語訓讀,操縱之意。

搾取滅　剝削無　ca³-chu² biat⁸ pak⁴-siaq⁴ bo⁵

全世界　解放母　cuan⁵ se³-kai³ kai²-hong³-bo²

　　注:「解放」,來自中國白話文(共產黨用語)的借用語。

共產黨　握指導　kiong⁷-san²-tong² ak⁴ ci²-to⁷

　　注:「握」,文言。

白色匪　日亡逃　peq⁸-sik⁴-hui² lit⁸ bong⁵-to⁵

　　注:爲押韻,「逃亡」倒置爲「亡逃」。

捨資産　甘願做　sia³ cu¹-san² kam¹-guan⁷ co³

以上 14 句押 o 韻。

勞働制　七點時　lo^5-$tong^7$-ce^3 $chit^4$ $tiam^2$-si^5

注：「點時」是為押韻而臨時造詞。本應為「點鐘」$tiam^2$-$cing^1$。

諸學校　入免錢　cu^1 hak^8-hau^7 lip^8 $bian^2$ ciN^5

婦產院　養老院　hu^7-san^8-iN^7 ioN^8-lo^2-iN^7

注：「婦產院」是臨時造詞。

各病院　自由去　kok^4 peN^7-iN^7 cu^7-iu^5 khi^3

圖書館　甚濟備　tou^5-su^1-$kuan^2$ sim^7 ce^5-pi^7

注：「甚」，文言。

卜讀冊　眞便利　$bueq^4$ $thak^8$-$cheq^4$ cin^1 $pian^7$-li^7

托兒所　顧我兒　$thok^4$-li^5-sou^2 kou^3 $ngou^2$ li^5

衆安樂　沒惡意　$ciong^3$ an^1-lok^8 bo^5 ok^4-i^3

做竊盜　自滅止　co^3 $chiap^4$-to^7 cu^7 $biat^8$-ci^2

注：「自」、「滅止」皆為文言。

資本賊　全部除　cu^1-pun^2-$chat^8$ $cuan^5$-pou^7 ti^5

于這時　設機器　u^5 ce^2 si^5 $siat^4$ ki^1-khi^3

注：「于」，文言。

各機關　整濟備　kok^4 ki^1-$kuan^1$ $cing^2$ ce^5-pi^7

注：「整濟備」是全部完備的意思。

全民衆　始有利　$cuan^5$ bin^5-$ciong^3$ si^2 u^7 li^7

像這欵　好天年　$chioN^7$ cit^4 $khuan^2$ ho^2 $thiN^1$-ni^5

注：近稱指示形容詞 cit^4 的本字是「即」。「好天年」是慣用語，好年冬之意。

通世界　衆人希　$thong^1$ se^3-kai^3 $ciong^3$-$lang^5$ hi^1

咱大家　親兄弟　lan² tai⁷-ke¹ chin¹ hiaɴ¹-ti⁷

有一日　達這時　u⁷ cit⁸-lit⁸ tat⁸ cit⁴ si⁵

工農們　咱所以　kong¹-long⁵-bun⁵ lan² sou²-i²

要奮鬥　濟奮起　ai³ hun³-tou³ ce⁵ hun³-khi²

　注：按照順序，應是先「奮起」後「奮鬥」，此處爲押韻而顛倒順序。

要大膽　免驚死　ai³ tua⁷-taɴ² bian² kian¹-si²

牠強搶　勿給伊　thaɴ¹ kiong⁵-chioɴ² mai³ hou⁷ i¹

　注：「勿」讀做 mai³。語源不詳。

大大群　招抗起　tua⁷-tua⁷ kun⁵ ciau⁵ khong³-khi²

　注：「招」爲借字。「抗起」即「起來抵抗」khi²-lai⁵ ti²-khong³ 之意。

免三日　牠餓死　bian² saɴ¹ lit⁸ thaɴ¹ go⁷ si²

抗租稅　吾武器　khong³ cou¹-sue³ ngou² bu²-khi³

　注：「武器」，文言。

咱團結　勝銃子　lan² thuan⁵-kiat⁴ sing³ ching³-ci²

　注：「勝」，文言。口語「贏」ian⁵。

倘若無　拳給伊　thong²-liok⁸ bo⁵ kun⁵ hou⁷ i¹

　注：「倘若」爲中國白話文之借用語。「拳給伊」即給對方挨拳頭之意。

衆除寡　實容易　ciong³ ti⁵ kuan² sit⁸ iong⁵-iɴ⁷

反動派　可惡死　huan²-tong⁷-phai³ khouɴ²-oɴ³-si²

打倒牠　莫延遲　taɴ²-to² thaɴ¹ bok⁸ ian⁵-ti⁵

　注：「莫」，文言。

焉不得　我勝利　ian^1 put^4 tik^4 ngou^2 sing^3-li^7

　　注：將「我焉不得勝利」分爲兩句的說法。

這主張　是眞理　ce^2 cu^2-tioɴ^1 si cin^1-li^2

貧工農　濟蹶起　pin^5-kong^1-long^5 ce^5 khuat^8-khi^2

　　注：「蹶起」乃日語直譯。

來鬪爭　諸同志　lai^5 tou^3-cing^1 cu^1 tong^5-ci^3

支配者　狂化期　ci^1-phue^3-cia^2 kong^5-hua^3-ki^5

　　注：「狂化期」是臨時造詞。

咱結社　被禁止　lan^2 kiat^4-sia^7 pi^7 kim^3-ci^2

我罷工　無權利　ngou^2 pa^7-kang^1 bo^5 kuan^5-li^7

吾領袖　被拉去　ngou^5 ling^2-siu^7 pi^7 liaq^8-khi^0

各個個　打半死　tak^8 e^5 e^5 phaq^4 puaɴ^3 si^2

小虫類　昆蠅蟻　sio^2-thang^5-lui^7 khun^1-sing^5-gi^2

　　注：「昆蠅蟻」，臨時造詞。

被人搣　他同志　pi^7 lang^5 lue^5 thaɴ^1 tong^5-ci^3

　　注：「搣」是隨便造的字，讀成 lue^5，即指頭即可壓死。本
字爲「挼」。「他同志」是「同志當中」的意思。此處開始提及
內部的分裂。

些少無　恐怖起　sia^1-siau^2 bo^5 khiong^2-pou^3 khi^2

　　注：「些少無」是未曾見過的時候。「些少」是來自中國白話
文的借用語，意思爲「並非沒有，有一些」。

生爲人　豈無恥　sing^1 ui^5 lin^5 khi^2 bo^5 thi^2

起鬪爭　大爭議　khi^2-tou^3-cing^1 tua^7 cing^1-gi^7

指導者　被檢擧　ci^2-to^7-cia^2 pi^7 kiam^2-ki^2

失信念　起驚疑　sit⁴ sin³-liam⁷ khi² kiaɴ¹-gi⁵

慾貪生　想怕死　iok⁸ tham¹ sing¹ sioɴ⁷ phaɴ³ si²

地凄慘　只痛悲　teq⁴ chi¹-cham² ci² thong³-pi¹

　注：「地」，借字。teq⁴ 是副詞，相當於中國話的「在」。為押韻起見，「悲痛」倒置為「痛悲」。

無路用　好去死　bo⁵ lou⁷-ing⁷ ho² khi³ si²

赤貧人　衆兄弟　chiaq⁴-pin⁵ lang⁵ ciong³ hiat¹-ti⁷

濟集來　咬切齒　ce⁵ cip⁸-lai⁵ ka² chiat⁴-khi²

　注：「咬切齒」是臨時造詞，咬牙切齒之意。

掠仇敵　碎粉屍　liaq⁸ chiu⁵-tik⁸ chui³-hun¹ si¹

　注：「碎粉屍」為「碎骨分屍」chui³ kut⁴ hun¹ si¹ 的簡縮。「粉」乃「分」之誤。

諸同志　○○○　cu¹ tong⁵-ci³

　注：○○○ 是警方避諱不寫的字，何需如此，令人不解。

守統制　守決議　siu² thong²-ce³ siu² kuat⁴-gi⁷

為階級　誓戰死　ui⁷ kai¹-kip⁴ se⁷ cian³ si²

　　　　　　　　　　　　　以上 108 句押 i 韻。

資本家　典有錢　cu¹-pun²-ka¹ tian² u⁷-cin⁵

　注：「典」，借字，正字為「展」，炫耀之意。

天地變　不知死　tiɴ¹-te⁷ pian³ m⁷ cai¹-si²

　注：m⁷ cai¹-si²，不知事態嚴重。

有錢人　的天年　u⁷-cin⁵-lang⁵ e⁵ tiɴ¹-ni⁵

已沒落　第三期　i² but⁸-loq⁸ te⁷-saN¹ ki⁵

　　注：「沒落」是來自日語的借用語。「第三期」乃末期之意。
　　肺病、梅毒若進入第三期，即無可挽救。此一醫學常識相
　　當普及，上述說法似以此為依據。

將崩壞　大危機　ciong¹ phing¹-huai⁷ tua⁷ gui⁵-ki¹

　　注：「崩壞」、「危機」皆為文言。

經濟上　恐慌起　king¹-ce³-siong⁷ khiong² hong⁵ khi²

　　注：「經濟」當 economy 用時是文言。口語中的意思是節
　　約。

　　注：「恐慌」借自日語。

通世界　呆景氣　thong¹ se³-kai³ phaiN² king²-khi³

　　注：「景氣」借自日語。

全民衆　淚淋漓　cuan⁵ bin⁵-ciong³ le⁷ lim⁵-li⁵

資本狗　辦政治　cu¹-pun²-kau² pan⁷ cing³-ti⁷

獨裁制　隨在伊　tok⁸-chai⁵-ce³ sui⁵-cai⁷ i¹

　　注：「獨裁」、「制」皆借用日語。

貧工農　無權利　pin⁵-kong¹-long⁵ bo⁵ kuan⁵-li⁷

衆貧民　起抗議　ciong⁸ pin⁵-bin⁵ khi² khong³-gi⁷

　　注：「抗議」借自日語。

政治上　的危機　cing³-ti⁷ siong⁷ e⁵ gui⁵-ki¹

國家亂　治不去　kok⁴-ka¹ luan⁷ ti⁷ put⁴ khi³

賊政府　不安居　chat⁸ cing³-hu² put⁴ an¹-ki¹

　　注：「安居」，文言。

大資本　算不利　tua⁷ cu¹-pun² sng³ put⁴-li⁷

各工廠　閉鎖去　kok⁴ kang¹-chioN² pi³-so² khi³

　注：「閉鎖」借自日語。

小資本　倒離離　sio²-cu¹-pun² to² li⁷-li⁷

終沒落　爲貧兒　ciong¹ but⁸-loq⁸ ui⁷ pin⁵-li⁵

資本賊　欲支持　cu¹-pun²-chat⁸ iok⁸ ci¹-chi⁵

牠狗命　免早死　thaN¹ kau²-mia⁷ bian² ca²-si²

　注：：「狗命」比喻生命賤如狗。

起無道　無慈悲　khi² bu⁵-to⁷ bo⁵ cu⁵-pi¹

對工人　大搾取　tui² kang¹-lang⁵ tua⁷ ca³-chi²

勞働力　強化起　lo⁵-tong⁷-lik⁸ kiong⁵-hua³ khi²

失業者　滿街市　sit⁴-giap⁸-cia² mua² ke¹-chi⁷

愛做工　無所去　ai³ co³ kang¹ bo⁵ sou²-khi³

有工作　也無錢　u⁷ kang¹-cok⁴ ia⁷ bo⁵ ciN⁵

　注：「工作」借自中國白話文。

一家內　將餓死　cit⁸-ke¹-lai⁷ ciong¹ go⁷ si²

工人們　覺醒起　kang¹-lang⁵ bun⁵ kak⁴-cheN khi²

設工會　起爭議　siat⁴ kong¹-hue⁷ khi² cing¹-gi⁷

　注：「爭議」借自日語。

各要求　爲自己　kok⁴ iau¹-kiu⁵ ui⁷ cu⁷-ki²

勞働制　七小時　lo⁵-tong⁷-ce³ chit⁷ sio²-si⁵

　注：「小時」借自中國白話文，口語爲「點鐘」tiam²-cing¹。

各個個　昇工錢　tak⁸-e⁵ e⁵ sing¹ kang¹-ciN⁵

以上66句押 i 韻。

勞働法　要制定　lo⁵-tong⁷-huat⁴ ai³ ce³-ting⁷

　注：「勞働法」借自日語。

每條件　要改正　mue² tiau⁵-kiaɴ⁷ ai³ kai²-cing³

男女工　要平等　lam⁵-li²-kang¹ ai³ ping⁵-ting²

少年工　大點鐘　siau³-lian⁵-kang¹ tua⁷ tiam²-cing¹

　注：「少年工」借自日語。「大點鐘」，這裡是要求比照大人
　的時薪。

資本賊　無僥倖　cu¹-pun²-chat⁸ bo⁵ hiau¹-hing⁷

　注：「無僥倖」是無一倖免的意思。

總拒絕　全不肯　cong² ki⁷-cuat⁸ cuan⁵ m⁷ king²

　注：「拒絕」，文言。

各工場　就指令　kok⁴ kang¹-tioɴ⁵ ciu⁷ ci²-ling⁷

　注：「工場」借自日語。「指令」當動詞用。

總罷工　起鬥爭　cong² pa⁷-kang¹ khi² tou³-cing¹

　注：「罷工」借自中國話。

以上 16 句押 ing 韻。

農產物　大落價　long⁵ san²-but⁸ tua⁷ lak⁴-ke³

　注：「農產物」借自日語。

有物件　無人買　u⁷ miq⁸ kiaɴ⁷ bo⁵ lang⁵ be²

要耕作　無土地　ai³ king¹-coq⁴ bo⁵ thou²-te⁷

卜種作　被限制　bueq⁴ cing³-coq⁴ pi⁷ han⁷-ce³

卜討趁　無工藝　bueq⁴ tho²-than³ bo⁵ kang¹-ge⁷

無頭路　可自計　bo⁵ thau⁵-lou⁷ kho²-cu⁷-ke³

耕作人　花螺螺　king¹-coq⁴-lang⁵ hue¹ le⁵-le⁵

注：「花」是形容詞，不知何去何從之意。le⁵-le⁵ 爲臨時所造之「形狀辭」(一種附屬形式)。台灣話頗多「形狀辭」，例如：

ou¹(烏)ciap⁸-ciap⁸　烏黑

peq⁸(白)siak⁴-siak⁴　雪白

kng¹(光)phiang⁵-phiang⁵　亮光光

每个人　都負債　mue² e⁵ lng⁵ to¹ hu⁷ ce³

現時代　的時世　hian⁷-si⁵-tai⁷ e⁵ si⁵-se³

咱加做　無咱个　lan² ke¹ co³ bo⁵ lan² e⁵

賊政府　人人冊　chat⁸ cing³-hu² lang⁵-lang⁵ cheq⁴

注：「冊」，借字，正字爲「慼」。

各條款　直直多　kok⁴ tiau⁵-khuan² tit⁸-tit⁸ ce⁷

租稅金　年年加　cou¹-sue³-kim¹ ni⁵-ni⁵ ke¹

這時候　趁食人　ce²-si⁵-hau⁷ than³-ciaq⁸-lang⁵

注：lang⁵ 沒有押韻。

不餓死　也哭伯　m⁷ go⁷ si² ia⁷ khau³-pe⁷

注：「哭伯」，借字，語源不詳，有哭喪之意。

以上 30 句押 e 韻。

土地賊　最可恨　thou²-te⁷-chat⁸ cue³ kho²-hin⁷

剿滅牠　着要緊　cau⁵-biat⁸ thaɴ¹ tioq⁸ iau³-kin²

將土地　奪回盡　ciong⁷ thou²-te⁷ tuat⁸-hue⁵ cin⁷

沒收米　歸農民　but⁸-siu¹ lai⁵ kui¹ long⁵-bin⁵

以上 8 句押 in 韻。

最可惡　私有制　cue^3 khoun^2-on^3 su^1 iu^2-ce^3

　注：「可」讀做 khoun^2，是泉州腔。

來毀破　做一下　lai^5 hui^2-pho^3 co^3 cit^7-e^7

農民們　耕土地　long^5-bin^5-bun^5 king^1 thou^2-te^7

　注：「農民」，文言，口語是「做穡人」co^3-sit^4-lang^5。

免納稅　眞好勢　bian^2 lap^8-sue^3 cin^1 ho^2-se^3

惡地主　定着冊　ok^4 te^7-cu^2 tian^7-tioq^8 cheq^4

　注：「定着」，副詞，一定之意。

和政府　想毒計　ho^5 cing^3-hu^2 sion^7 tok^8-ke^3

　注：「和」借自中國白話文。

用官狗　來壓制　iong^7 kuan^1 kau^2 lai^5 ap^4-ce^3

以上 14 句押 e 韻。

賊政府　起無道　chat^8 cing^3-hu^2 khi^2 bu^5-to^7

全百姓　無奈何　cuan^5 peq^4-sen^3 bo^5 nai^7-ho^5

咱工農　無所靠　lan^2 kong^1-long^5 bo^5 sou^2-kho^3

不得已　衆合和　put^4-tik^4-i^2 ciong^3 hap^8-ho^5

設團體　自己做　siat^4 thuan^5-the^2 cu^7-ki^2 co^3

惡政府　要打倒　ok^4 cing^3-hu^2 ai^3 tan^2-to^2

私有制　要毀破　su^1-iu^2-ce^3 ai^3 hui^2-pho^3

資本賊　要滅無　cu^1-pun^2-chat^8 ai^3 biat^8 bo^5

　注：「要滅無」爲 ai^3 biat^8 hou^7 bo^5 的略語。

有努力　力就靠　u⁷ lo⁵-lik⁸ lat⁸ ciu⁷ kho³
順天理　應該做　sun⁷ thian¹-li² ing¹-kai¹ co²

以上 20 句押 o 韻。

工農兵　起鬪爭　kong¹-long⁵-ping¹ khi² tou³-cing¹
濟覺醒　起革命　ce⁵ kak⁴-chen² khi² kik⁴-bing⁷
歷史的　必然性　lik⁸-su² ě pit⁴-lian⁵-sing³

以上 6 句押 ing 韻。

我主義　要宣傳　ngou² cu²-gi⁷ ai³ suan¹-thuan⁵
　注：以下是有關黨員活動目標的指示。
要勸誘　組合員　ai³ khuan³-iu² cou¹-hap⁸-uan⁵
　注：「組合」借自日語。
要組織　得完全　ai³ cou¹-cit⁴ tit⁴ uan⁵-cuan⁵
　注：「～得～」借自中國白話文。

以上 6 句押 uan 韻。

赤貧人　爲中心　chiaq⁴-pin⁵-lang⁵ ui⁵ tiong¹-sim¹
諸困難　他堪忍　cu¹ khun³-lan⁵ thaɴ¹ kham¹ lim²

以上 4 句押 im 韻。

他在世　最勞苦　thaɴ¹ cai⁷-se³ cue³ lo⁵-khou²
被彈壓　不退步　pi⁷ tan⁵-ap⁴ m⁷ the³-pou⁷
　注：「彈壓」借自日語。

提拔他　做幹部　the⁵-puat⁸ thaɴ¹ co³ kan³-pou⁷

咱領袖　着點顧　lan²-ling²-siu⁷ tioq⁸ ciau³-kou³

　注：「點顧」乃「照顧」之誤。

　　　　　　　　　　　　　　　　　以上 8 句押 ou 韻。

咱大家　入組合　lan² tai⁷-ke¹ lip⁸ cou¹-hap⁸

組合費　着繳納　cou¹-hap⁸-hui³ tioq⁸ kiau²-lap⁸

　　　　　　　　　　　　　　　　　以上 4 句押 ap 韻。

組合費　納代先　cou¹-hap⁸-hui³ lap⁸ tai⁷-sing¹

抗租稅　來鬥爭　khong³ cou¹-sue³ lai⁵ tou³-cing¹

議決後　隨遂行　gi⁷-kuat⁴-au⁷ sui⁵ sui⁷-hing⁵

　注：「遂行」借自日語。

　　　　　　　　　　　　　　　　　以上 6 句押 ing 韻。

要參加　咱組織　ai³ cham¹-ka¹ lan² cou¹-cit⁴

各項事　要秘密　kok⁴ hang⁷-su⁷ ai³ pi³-bit⁸

吾機關　要統一　ngou² ki¹-kuan¹ ai³ thong²-it⁴

各情勢　得能識　kok⁴ cing⁵-se³ tik⁴-ling⁵ sit⁴

　注：「得能」、「識」，文言。「識」，泉州系須讀做 sik⁴。

　　　　　　　　　　　　　　　　　以上 8 句押 it 韻。

咱組織　有類層　lan² cou¹-cit⁴ u⁷ lui⁷-can⁵

　注：「類層」是臨時造詞。

七个人　結一班　chit⁴ e⁵ lang⁵ kiat⁴ cit⁸ pan¹

要互選　班委員　ai³ hou⁷-suan² pan¹ ui²-uan⁵

　注：「互選」借自日語。

以上 6 句 an 韻。

各組織　照律規　kok cou¹-cit⁴ ciau³ lut⁸-kui¹

　注：爲押韻，「規律」倒置爲「律規」。

集五班　結一隊　cip⁸ gou⁷ pan¹ kiat⁴ cit⁸ tui⁷

選一名　做隊委　suan² cit⁸ mia⁵ co³ tui⁷-ui²

以上 6 句押 ui 韻。

吾機關　要確立　ngou² ki¹-kuan¹ ai³ khak⁴-lip⁸

集權事　中央執　cip⁸ kuan⁵-su⁷ tiong²-iong¹-cip⁴

　注：「權事」是臨時造詞。

謀利益　我階級　bou⁵ li⁷-ik⁴ ngou² kai¹-kip⁴

以上 6 句押 ip 韻。

組合員　親兄弟　cou¹-hap⁸-uan⁵ chin¹ hiaɴ¹-ti⁷

咱組合　要支持　lan² cou¹-hap⁸ ai³ ci¹-chi⁵

各個個　有權利　tak⁸-e⁵ e⁵ u⁷ kuan⁵-li⁷

各件事　照順序　kok⁴ kiaɴ⁷ su⁷ ciau³ sun⁷-si⁴

來討論　得眞理　lai⁵ tho²-lun⁷ tit⁴ cin¹-li²

開大會　來決議　khui¹ tua⁷-hue⁷ lai⁵ kuat⁴-gi⁷

以上 12 句押 i 韻。

吾運動　要完全　ngou⁵ un⁷-tong⁷ ai³ uan⁵-cuan⁵

同這樣　像這欵　tang⁵ cit⁴ ioN⁷ siang⁷ cit⁴ khuan²

青年們　也團結　ching¹-lain⁵-bun⁵ ia⁷ thuan⁵-kiat⁴

　注：kiat⁴ 沒押韻。

婦人部　可後援　hu⁷-lin⁵-pou⁷ kho² hou⁷-uan⁷

　注：「婦人部」借自日語。

又組織　少年團　iu⁷ cou¹-cit⁴ siau³-lian⁵-thuan⁵

　注：「少年團」借自日語。

一家內　總動員　cit⁸-ke¹-lai⁷ cong² tong⁷-uan⁵

　注：「總動員」借自日語。

　　　　　　　　　　　以上 12 句押 uan 韻。

共產軍　咱的兵　kiong⁷-san²-kun¹ lan² ê ping¹

爲主義　抵犧牲　ui⁷ cu²-gi⁷ ti² hi¹-sing¹

爲階級　抵戰爭　ui⁷ kai¹-kip⁴ ti² cian³-cing¹

是工農　握專制　si⁷ kong¹-long⁵ ak⁴ cuan¹-cing³

　　　　　　　　　　　以上 8 句押 ing 韻。

共產黨　咱的主　kiong⁷-san²-tong² lan² ê cu²

爲正義　的辦事　ui⁷ cing³-gi⁷ teq⁴ pan⁷-su⁷

　　注：「正義」，文言。

須丹林　咱師阜　Su¹-tan¹-lim⁵ lan² su¹-hu⁷

咱師祖　旣逝世　lan² su¹-cou² ki³ se⁷-se³

注：「旣」、「逝世」，文言。se³ 沒押韻。

是列寧　馬克斯　si⁷ Liat⁸-ling⁵ Ma²-kik⁴-su¹

注：稍前的「須丹林」是台語本身的借字。「列寧」、「馬克斯」則是援用中國話的借字。

以上 10 句押 u 韻。

他傳導　資本論　thaN¹ thuan⁵-to⁷ Cu¹-pun²-lun⁷

他建設　工農兵　thaN¹ kian³-siat⁴ kong¹-long⁵-ping¹

蘇維埃　堅政府　sou¹-i⁵-ai¹ kian¹ cing³-hu²

以上 6 句沒押韻。

資本主義第三期　cu¹-pun²-cu²-gi⁷ te⁷-saN¹ ki⁵

壓迫搾取不離時　ap⁴-pik⁴ ca³-chi² put⁴ li⁷ si⁵

無道政府將倒去　bu⁵-to⁷ cing³-hu² ciong¹ to²-khi³

白色恐怖愈橫起　peq⁸-sik⁴ khiong²-pou³ li⁵ hing⁵-khi²

以上 7 言 4 句押 i 韻。

末尾以「七絕」作結，有咒文的味道。

（（上)刊於《台灣》，台灣獨立聯盟，1969年11月；（中、下)刊於《台灣青年》115、119期，台灣獨立聯盟，1970年6月、10月）

（黃國彥監譯）

客家話語言年代學的考察

1.客家話的分佈特徵

客家話(the Hakka dialect)是使用人口約 2000 萬❶的一大音系。但卻不如其它音系(官話、吳、閩、粵)一般，分佈於特定的廣大區域，而是分散於廣東、福建、廣西、江西、湖南、四川、台灣各地，呈現了範圍小而「飛地」式的特徵。稍微算得上廣濶而且集中的區域，便是廣東省東部的梅縣地區(梅縣、興寧、五華、蕉嶺、平遠等五縣)，但人口合計也不過 150 萬❷左右。

這樣的分佈特徵正好也蹈循了客家集團這一路走來的坎坷命運。若依客家研究的權威羅香林所言，到目前為止，客家已經歷過五次大遷徙了❸。

第一次發生在東晉～隋唐。肇因於晉室南遷。他們自中原南下，近者定居於江淮之間，遠的則到達江西省中部或南部。

第二次為唐末～北宋初。起因是黃巢之亂。他們從現居地開始遷移，近的移動到江西省東南部或福建省西部，遠的則到達廣東省東部。

第三次是南宋末～明初。肇因於元軍南侵。他們從江西省東南部和福建省西部大舉流入廣東省東部。

第四次是在康熙～嘉慶年間。這回是由於人口過剩的緣故。他們從廣東省東部移出，近的到該省中部和西部，也延伸至廣西，遠的則移住到湖南、四川、台灣。

第五次發生於嘉慶之後。大部分是由於在廣東省中部發生與廣東人的械鬥事件且愈演愈烈之故，經由政府出面調停，輾轉移住廣西和海南島。

從上述的移動史可以窺知，廣東省東部，即梅縣地方，占有重要的地位。

客家踏上這塊土地，是在第二次大遷徙時，其實當地原就居住有原住民，他們這些新來者❹只居劣勢。後來便壓過原住民，驅離的驅離，同化的同化，到了第三次大遷徙時，這裡成了大本營。如今，梅縣地方從各地的客家勢力中脫穎而出，一般皆視梅縣方言為客家的代表方言，原因即在此。

本稿以梅縣為主，搭配桃園、涼水井、臨川這三個比較有名的「飛地」方言，嘗試分析上述的客家歷史究竟如何反映於語言年代學的具體數字上。

桃園位於隔海的台灣北部丘陵地，是一個人口達 100 萬❺、以台灣客家為主的都市。當地的客家尚分「海陸」與「四縣」二系（「海陸」的勢力較強❻）。「海陸」意指廣東省東部的沿岸地方，在梅縣西南約 100 公里處的海豐和陸豐兩縣。「四縣」則是指除去前述的梅縣以外的興寧以下四縣，其實說穿了就是梅縣系的俗稱。海豐、陸豐根據羅香林的調查，乃屬「非純客住縣」（與其他音系的人雜居一起），可能是由梅縣分裂出來的。

本稿的桃園採「海陸」系。主要是考慮到「海陸」系占優勢，另

外，筆者的姻親蔡玉蓮(女性，45歲，戰後來日)是「海陸」系，咨詢意見時較爲方便。

　　涼水井是四川省成都南方約 25 公里的華陽縣的一個鄉鎮。據羅香林氏統計，四川省境內有 12 個「非純客住縣」，人口合計約 200 萬❼。

　　依據涼水井的客家族譜記載及代代口傳的說法，涼水井客家最早是在康熙年間，最晚則在同治年間，由廣東省東部的五華縣(梅縣西南約 30 公里)，經湖南、貴州，再從四川省南部北上至此。他們稱四川人爲「湖廣人」，自稱「廣東人」，以資區別。至於他們所操的客家話，在他們的圈子裡稱做「土廣東話」。自然是有別於西南官話的兩種全然不同的生活語言❽。

　　前述已明白指出，桃園客家、涼水井客家皆與第四次大遷徙有所關聯。

　　臨川是位於江西省南昌東南約 75 公里的都市，臨贛水的一大支流——汝水，位居江西入福建的交通要衝，自古繁榮。這個「飛地」倒是很難列入第四次大遷徙之列，因此，曾調查過當地音韻的羅常培推測，它應是自第二次大遷徙以來，踏入這塊土地且居住下來的客家❾。

　　本稿所用資料有：

　　梅　　縣　拙稿「從語言年代學試探中國五大方言的分裂年代」(《言語研究》38 期，1960)有關梅縣的部分(音韻表記方式有變動)

　　桃　　園　楊時逢《台灣桃園客家方言》(中央研究院歷史語言研究所單刊甲種之 22，1957)的「海陸話」的部分❿

涼水井　董同龢《華陽涼水井客家話記音》(北京，科學出版
　　　　社，1956，原歷史語言研究所集刊 19 本所收，1948)

臨　　川　羅常培《臨川音系》(北京，科學出版社，1958，原歷
　　　　史語言研究所單刊甲種之 17，1940)

　　有關涼水井與臨川，由於無法獲得在地人的直接補充，以致
出現了若干「不詳」的項目。雖然該兩方言皆揭示了相當詳細的語
彙表，但仍無法網羅 Swadesh 的 LSD ⓫的 200 項。不過，這應
該不致於影響統計的結果。

　　詞素的音韻表記方式加上了我個人的音韻論上的解釋，按理
應當先行介紹各方言的音韻體系⓬，但礙於篇幅限制，只得省
略。倒是有必要針對聲調——右上角的數字——加以說明。

　　　　1＝陰平　2＝陰上　3＝陰去　4＝陰入
　　　　5＝陽平　7＝陽去　8＝陽入　0＝輕聲

2.調查表

　　＋為彼此有應對的形式，即殘存詞。－表非如此者。
　　○表有問題者。有＊號的項目，於3.處做注解。

調查項目	梅　縣　　桃凉臨	桃　園　　凉臨	凉水井　　臨	臨　　　　川
1. ＊ I	ηai^5　　　＋＋○ 我	ηai^2　　　＋○ 我	ηai^3　　　○ 我	ηo^2 我
2. ＊ thou	η^5　　　○○○ 你	ηi^5　　　＋○ 你	ni^5　　　○ 你	li^2 你
3. ＊ we	$\eta ai^5\ ten^2\ \eta in^5$＋＋○ 我　等　人	$\eta ai^2\ teu^1\ \eta in^5$ ＋○ 我　兜　人	$\eta ai^3\ tien^1$　○ 我　□	$\eta o^2\ koi^1\ to^1\ nin^5$ 我　該　多　人
4. ＊ this	$li^2\ ke^3$　　＋＋－ □　□	$li^3\ kai^3$　　＋－ □　□	$ti^3\ kie^3$　　－ □　□	$koi^1\ ko$ 該　個
5. ＊ that	$ke^3\ ke^3$　　○○－ □　□	$kai^5\ kai^3$　＋－ □　□	$kai^3\ kie^3$　－ □　□	$e^1\ ko$ □　個
6. who	$ma^2\ \eta in^5$　＋－－ □　人	$ma^2\ \eta in^5$　－－ □　人	$na^2\ ha^5$　－ □　□	$ho^5\ i?^4\ ko$ 何　一　個
7. ＊ what	$mak^4\ ke^3$　＋○－ □　□	$mak^8\ kai^3$　○－ □　□	$mo?^4\ kie?^4$　－ □　□	$se?^8\ ko$ □　個
8. not	m^5　　　＋＋－ □	m^5　　　＋－ □	m^3　　　－ □	put^4 不
9. ＊ all	tu^1　　　＋○－ 都	tu^1　　　○－ 都	tiu^1　　　－ 都	$i?^4\ k'oi^3$ 一　概
10. many	to^1　　　＋＋＋ 多	to^1　　　＋＋ 多	to^1　　　＋ 多	to^1 多

調查項目	梅　縣　桃凉臨	桃　園　凉臨	凉水井　臨	臨　　　川
11. one	it⁴　　÷÷÷ 一	ʒit⁴　　＋＋ 一	i?⁴　　÷ 一	i?⁴ 一
12. two	lioŋ²　　÷÷÷ 両	lioŋ²　　＋＋ 両	lioŋ²　　÷ 両	tioŋ² 両
13. big	t'ai³　　÷÷÷ 大	t'ai⁷　　＋＋ 大	t'ai³　　÷ 大	t'ai⁷ 大
14. small	se³　　÷÷÷ 細	se³　　＋＋ 細	sei³　　÷ 細	si³ 細
15. long	ts'oŋ⁵　　÷÷÷ 長	tʃ'oŋ³　　＋＋ 長	ts'oŋ⁵　　÷ 長	t'oŋ⁵ 長
16. woman	pu¹ ŋioŋ⁵ ŋin⁵÷÷÷ 晡　娘　人	pu¹ ŋioŋ⁵ ŋin⁵ ＋＋ 晡　娘　人	p'u¹ nioŋ³ tsi² ÷ 晡　娘　子	nioŋ⁵ tsi nin⁵ 娘　子 人
17. man	nam⁵ ŋin⁵　＋＋＋ 男　人	nam⁵ ŋin⁵　＋＋ 男　人	lan⁵ tsi² nin⁵ ＋ 男　子 人	lan⁵ tsi nin⁵ 男　子 人
18. person	ŋin⁵　　＋＋＋ 人	ŋin⁵　　＋＋ 人	nin⁵　　÷ 人	nin⁵ 人
19. fish	ŋ⁵　　＋÷○ 魚	ŋ⁵　　＋○ 魚	ŋ⁵ tsi²　　○ 魚　子	nie⁵ 魚
20. bird	tiau¹　　＋÷○ 鳥	tiau¹　　＋○ 鳥	tiau¹ tsi²　○ 鳥　子	niau² 鳥
21. dog	keu² i　　＋＋÷ 狗　兒	keu²　　＋＋ 狗	kiu²　　＋ 狗	keu² 狗
22. louse	set⁴ ma⁵　＋＋＋ 虱　□	set⁴ l　　＋＋ 虱　□	si?⁴ ma⁵　÷ 虱　□	set⁴ 虱
23. tree	su³ i　　＋＋＋ 樹　兒	ʃu⁷　　＋＋ 樹	su³ tsi²　÷ 樹　子	su⁷ 樹
24. bark	su³ p'i⁵　＋＋＋ 樹　皮	ʃu⁷ p'i⁵　＋＋ 樹　皮	su³ p'i⁵　÷ 樹　皮	su⁷ p'i⁵ 樹　皮
25. leaf	iap⁸ i　　÷＋÷ 葉　兒	ʃu⁷ ʒap⁸　＋＋ 樹　葉	su³ ie?⁸ tsi² ÷ 樹　葉 子	su⁷ iep⁸ 樹　葉
26. root	kin¹ i　　＋＋÷ 根　兒	kin¹ t'eu⁵　＋＋ 根　頭	kien¹　　＋ 根	ken¹ 根
27. * seed	tsi²　　÷＋＋ 子	tʃuŋ² tsi²　÷÷ 種　子	tsi²　　＋ 子	tuŋ² tsi² 種　子
28. blood	siat⁴　　＋＋＋ 血	hiet³　　＋＋ 血	sie?⁴　　＋ 血	syet⁴ 血
29. meat	ŋiuk⁸　　＋＋＋ 肉	ŋiuk⁴　　＋＋ 肉	niu?⁴　　＋ 肉	niu?⁴ 肉

調查項目	梅縣 桃涼臨	桃園 涼臨	涼水井 臨	臨　川
30. skin	p'i⁵ ＋＋＋ 皮	p'i⁵ ＋＋ 皮	p'i⁵ ＋ 皮	p'i⁵ 皮
31. bone	kut⁴ t'eu⁵ ＋＋＋ 骨　頭	kut⁴ ＋＋ 骨	kuʔ⁴ ＋ 骨	kut⁴ 骨
32. grease	tsu¹ iu⁵ ＋＋＋ 猪　油	tʃu¹ ʒu⁵ ＋＋ 猪　油	tsu¹ iu⁵ ＋ 猪　油	iu⁵ 油
33. egg	lon² ＋－＋ 卵	lon² －＋ 卵	tan³ ＋ 蛋	lon² 卵
34. horn	kok⁴ ＋＋＋ 角	kok⁴ ＋＋ 角	koʔ⁴ ＋ 角	koʔ⁴ 角
35. tail	mi¹ pa ＋＋○ 尾　巴	mui¹ t'eu⁵ ＋○ 尾　頭	mei¹ pa¹ ○ 尾　巴	ui² 尾
36. feather	mo¹ ＋＋＋ 毛	mo¹ ＋＋ 毛	mau¹ ＋ 毛	mau⁵ 毛
37. hair	mo¹ ＋－－ 毛	t'eu⁵ na⁵ mo¹ －－ 頭　顱　毛	t'iu⁵ faʔ⁴ ＋ 頭　髮	heu⁵ fat⁴ 頭　髮
38. head	t'eu⁵ na⁵ ＋＋＋ 頭　顱	t'eu⁵ na⁵ ＋＋ 頭　顱	t'iu⁵ la⁵ ＋ 頭　顱	heu⁵ 頭
39. * ear	ŋi² kuŋ¹ ＋＋○ 耳　公	ŋi² t'o⁵ ＋○ 耳　朵	ni² to³ ○ 耳　朵	ɔ² 耳
40. eye	muk⁸ tsu¹ ＋－－ 目　珠	muk⁴ tʃu¹ －－ 目　珠	ŋan² tsu¹ ＋ 眼　珠	ŋan² 眼
41. * nose	p'i³ kuŋ¹ ＋＋○ 鼻　光	p'i⁷ kuŋ¹ ＋○ 鼻　公	p'i³ kuŋ¹ ○ 鼻　公	p'it⁸ k'uŋ 鼻　空
42. mouth	tsoi³ ＋＋＋ 嘴	tʃoi² ＋＋ 嘴	tsoi³ pa¹ ＋ 嘴　巴	tsi² 嘴
43. tooth	ŋa⁵ ＋＋－ 牙	ŋa⁵ tʃ'i² ＋＋ 牙　齒	ŋa⁵ ts'i² ＋ 牙　齒	t'i² 齒
44. tongue	sat⁸ ma⁵ ＋＋＋ 舌　□	ʃat⁸ ma⁵ ＋＋ 舌　□	si²⁸ ma⁵ ＋ 舌　□	set⁸ 舌
45. claw	tsi² kap⁴ ＋＋＋ 指　甲	ʃu² tʃi² kap⁴ ＋＋ 手　指　甲	siu² tsi² kaʔ⁴ ＋ 手　指　甲	ti² kap⁴ 指　甲
46. foot	kiok⁴ ＋＋＋ 脚	kiok⁴ ＋＋ 脚	tsioʔ⁴ ＋ 脚	kioʔ⁴ 脚
47. knee	ts'it⁴ t'eu⁵ ＋＋＋ 膝　頭	ts'it⁸ t'eu⁵ ＋＋ 膝　頭	ts'i²⁴ t'iu⁵ ＋ 膝　頭	set⁴ heu⁵ 膝　頭
48. hand	su² ＋＋＋ 手	ʃu² ＋＋ 手	siu² ＋ 手	siu² 手

調查項目	梅縣	桃凉臨	桃園	凉臨	凉水井	臨	臨　　川
49. belly	tu² si² 肚 屎	+++	tu² ʃi² 肚 屎	++	tu² p'a?⁸ 肚 腹	+	tu² 肚
50. neck	kiaŋ² kin¹ 頸 根	+++	kiaŋ² kin¹ 頸 根	++	tsiaŋ² tsin¹ 頸 □	+	tsiaŋ² 頸
51. breast	siuŋ¹ p'u⁵ 胸 脯	+++	hiuŋ¹ t'oŋ³ 胸 膛	++	siuŋ¹ 胸	+	hiuŋ¹ 胸
52. heart	sim¹ kon¹ 心 肝	+++	sim¹ kon¹ ts'oŋ³ 心 肝 臟 ++			sin¹ kon¹ 心 肝	+	sim¹ 心
53. liver	kon¹ 肝	+++	kon¹ 肝	++	kon¹ tsi² 肝 子	+	kon¹ 肝
54. * to drink	im² 飲	− − −	lim¹ □	− −	si?⁸ 食	−	k'ia?⁴ 喫
55. to eat	sɨt⁸ 食	++−	ʃit⁸ 食	+−	si?⁸ 食		k'ia?⁴ 喫
56. * to bite	ŋau¹ 咬	+−○	ŋau¹ 咬	−○	ŋa?⁴ □	−	ŋau² 咬
57. to see	k'on³ 看	+++	k'on³ 看	++	k'on³ 看	+	k'on³ 看
58. to hear	t'aŋ¹ 聽	+++	t'aŋ¹ 聽	++	t'aŋ³ 聽	+	t'iaŋ¹ 聽
59. to know	ti¹ tet⁴ 知 得	+−−	ti¹ 知	− −	siau² tie?⁴ 曉 得	+	hiau² te?⁴ 曉 得
60. to sleep	soi³ 睡	++−	ʃoi⁷ muk⁴ 睡 目	+−	soi² kau³ 睡 覺	−	k'un³ kau³ 困 覺
61. to die	si² 死	+++	si² 死	++	si² 死	+	si² 死
62. to kill	sat⁴ 殺	− −÷	tʃ'i⁵ 劏 ?	÷−	ts'i⁵ 劏 ?	−	sat⁴ 殺
63. to swim	ts'iu⁵ se² 泅 水	+++	ts'iu⁵ 泅	++	siu⁵ 泅	+	siu⁵ 泅
64. to fly	p'i¹ 飛	+○○	pui¹ 飛	○○	fei¹ 飛	+	fɔi¹ 飛
65. to walk	haŋ⁵ 行	+−+	haŋ⁵ 行	−+	tsiu² 走	−	haŋ⁵ 行
66. to come	loi⁵ 来	+++	loi⁵ 来	++	loi⁵ 来	+	Tai⁵ 来
67. to lie	min⁵ ten 眠 □	− − −	tʃon³ 轉 ?	+−	tson³ 轉 ?	−	k'un³ 困

調查項目	梅 縣	桃涼臨	桃 園	涼臨	涼水井	臨	臨	川
68. to sit	ts'o¹ 坐	+++	ts'o¹ 坐	++	ts'o¹ 坐	+	ts'o⁷ 坐	
69. to stand	k'i¹ 企	+--	k'i¹ 企	--	ni?⁸ 立	-	ts'i¹ 棲	
70. to give	pun¹ 刉?	++-	pun¹ 刉?	+-	pən¹ 刉?	-	pai² 擺?	
71. to say	koŋ² 講	++-	koŋ² 講	+-	koŋ² 講	-	ua⁷ 話	
72. sun	ŋit⁴ t'eu⁵ 日 頭	++-	ŋit⁴ koŋ¹ 日 光	+-	ni?⁴ t'iu⁵ 日 頭	-	niet⁸ heu⁵ 熱 頭	
73. moon	ŋiat⁸ kuoŋ¹ 月 光	+++	ŋiet⁸ koŋ¹ 月 光	++	nie?⁸ 月	+	nyet⁸ kuoŋ¹ 月 光	
74. * star	sen¹ i 星 兒	○+○	siaŋ¹ 星	○+	sin¹ siu?⁴ 星 宿	○	siaŋ¹ 星	
75. water	sui² 水	+++	ʃui² 水	++	sui² 水	+	sui² 水	
76. river	ho⁵ pa³ 河 壩	+++	ho⁵ 河	++	ho⁵ 河	+	ho⁵ 河	
77. stone	sak⁸ t'eu⁵ 石 頭	+++	ʃak⁸ 石	++	sa?⁸ 石	+	sa?⁸ 石	
78. sand	sa¹ 沙	+++	nai⁵ sa¹ 泥 沙	++	sa¹ 沙	+	sa¹ 沙	
79. earth	nai⁵ t'u² 泥 土	+-+	t'i⁷ nai⁵ 地 泥	+-	t'i³ 地	-	t'u² 土	
80. cloud	iun⁵ 雲	+++	ʒun⁵ 雲	++	yn⁵ 雲	+	yn⁵ 雲	
81. smoke	ian¹ 煙	+++	fo² ʒan¹ 火 煙	++	ien¹ 煙	+	ien¹ 煙	
82. fire	fo² 火	+++	fo² 火	++	fo² 火	+	fo² 火	
83. ash	foi¹ 灰	+++	foi¹ 灰	++	foi¹ 灰	+	fəi¹ 灰	
84. to burn	seu¹ 燒	+++	ʃau¹ 燒	++	sau¹ 燒	+	seu¹ 燒	
85. path	lu³ 路	+++	lu³ 路	++	lu³ 路	+	lu⁷ 路	
86. mountain	san¹ 山	+++	san¹ 山	++	san¹ 山	+	san¹ 山	

調查項目	梅　縣	桃涼臨	桃　園	涼臨	涼水井	臨	臨　　川
87. red	fuŋ⁵ 紅	+++	fuŋ⁵ 紅	++	fuŋ⁵ 紅	+	fuŋ⁵ 紅
88. green	liuk⁸ 綠	+++	liuk⁸ 綠	++	liu?⁴ 綠	+	tiu?⁴ 綠
89. yellow	uoŋ⁵ 黃	+++	voŋ⁵ 黃	++	voŋ⁵ 黃	+	uoŋ⁵ 黃
90. white	p'ak⁸ 白	+++	p'ak⁸ 白	++	p'a?³ 白	+	p'a?⁸ 白
91. black	u¹ 烏	+++	vu¹ 烏	++	vu¹ 烏	+	u¹ 烏
92. night	am³ pu¹ si³ 暗　晡　時	÷÷−	am³ pu¹ t'eu⁵ 暗　晡　頭	+−	an³ pu¹ ia³ 暗　晡　夜	+	ia⁷ kan¹ 夜　間
93. hot	ŋiat⁸ 熱	+++	ŋiet⁸ 熱	++	nie?⁸ 熱	+	niet⁸ 熱
94. cold	hon⁵ 寒	−−−	laŋ¹ 冷	++	laŋ¹ 冷	+	laŋ² 冷
95. full	man¹ 滿	+++	man¹ 滿	++	man¹ 滿	+	mon² 滿
96. new	sin¹ 新	+++	sin¹ 新	++	sin¹ 新	+	sin¹ 新
97. good	ho² 好	+++	ho² 好	++	hau² 好	+	hau² 好
98. round	ian⁵ 円	+++	ʒan⁵ 円	++	ien⁵ 円	+	yen⁵ 円
99. dry	kon¹ 乾	−−+	tsau¹ 燥	+−	tsau¹ 燥	−	kon¹ 乾
100. name	miaŋ⁵ tsi³ 名　字	+++	miaŋ⁵ 名	++	miaŋ⁵ si³ 名　字	+	miaŋ⁵ 名
101. ye	ŋ⁵ ten³ ŋin⁵ 你　等　人	○○○	ŋi⁵ teu¹ 你　兜	÷○	ni⁵ tien¹ 你　□	○	li² e¹ to¹ nin⁵ 你　□　多　人
102. * he	ki⁵ 佢？	÷+○	ki⁵ 佢？	+○	tsi¹ 佢？	○	ke² 佢？
103. they	ki⁵ ten² ŋin⁵ 佢？等　人	++○	ki⁵ teu¹ 佢　兜	÷○	tsi¹ tien¹ 佢？□	○	ke² e¹ to¹ nin⁵ た？□多　人
104. * how	ŋioŋ² pan¹ 仰　般	÷○−	ŋioŋ² pan¹ 仰　般	○−	lioŋ² mən¹ □　□	−	la² luŋ² □　□
105. when	nai³ kiu² 奈　久	+−−	nai⁷ kiu² 奈　久	−−	hau² tsiu² 好　久		se?⁸ ko si⁵ʔ heu⁷ □　個　時·候

調查項目	梅　縣	桃涼臨	桃　園	涼臨	涼水井	臨	臨　　　川
106. where	nai³ ie¹ 奈 □	++-	nai⁷ vui⁷ 奈 位	+-	nai² tsï² 奈 子	-	hoi² ti □ □
107. * here	li² ie¹ □ □	○+-	lia² vui⁷ □ 位	○-	ti³ tsï² □ 子	-	koi¹ ti 該 □
108. there	ke³ ie¹ □ □	○○-	kai⁵ vui⁷ □ 位	+-	kai⁵ tsï² □ 子	-	e¹ ti □□
109. othere	piet⁸ 別	+++	p'iet⁴ 別	++	p'ie?⁴ 別	+	p'iet⁸ 別
110. three	sam¹ 三	+++	sam¹ 三	++	san¹ 三	+	sam¹ 三
111. four	si³ 四	+++	si³ 四	+÷	si³ 四	÷	si³ 四
112. five	ŋ² 五	+++	ŋ² 五	++	ŋ² 五	+	ŋ² 五
113. few	seu² 少	+++	ʃau² 少	÷÷	sau² 少	+	seu² 少
114. sky	t'ien¹ k'uŋ¹ 天 空	+++	t'ien¹ 天	÷+	t'ien¹ 天	+	t'ien¹ 天
115. day	ŋit⁴ si⁵ t'eu⁵ 日 時 頭	+++	ŋit⁴ 日	++	ni?⁴ tsï² sən⁵ 日 子 □	-	nit⁸ soŋ⁷ 日 上
116. fog	u³ 霧	+-+	vu³ 霧	-+	muŋ⁵ lu³ □ 露?	-	u⁷ 霧
117. wind	fuŋ¹ 風	+++	fuŋ¹ 風	++	fuŋ¹ 風	+	fŋ¹ 風
118. to flow	liu⁵ 流	+++	liu⁵ 流	++	liu⁵ 流	+	tiu⁵ 流
119. sea	hoi² 海	+++	hoi² 海	++	hoi² 海	+	hoi² 海
120. lake	fu⁵ 湖	+++	fu⁵ 湖	++	fu⁵ 湖	+	fu⁵ 湖
121. to rain	lok⁸ i² 落 雨	--+	lok⁸ ʃui² 落 水	+-	lo?⁸ sui² 落 水	-	lo?⁸ i² 落 雨
122. wet	iun³ 潤	-÷-	ʃip⁴ 濕	-÷	yn³ 潤	-	sip⁴ 濕
123. to wash	se² 洗	+++	se² 洗	÷+	sie² 洗	+	si² 洗
124. snake	sa⁵ ko¹ 蛇 哥	+++	ʃa⁶ ko¹ 蛇 哥	÷+	sa⁵ 蛇	+	sa⁵ 蛇

調查項目	梅 縣	桃涼臨	桃 園	涼臨	涼水井	臨	臨 川
125. worm	tsʻuŋ⁵ i 虫 兒	+++	tʃʻuŋ⁵ 虫	++	tsʻuŋ⁵ 虫	+	tʻuŋ⁵ 虫
126. back	poi³ noŋ⁵ 背 龔	+++	poi³ noŋ⁵ 背 龔	++	poi³ tsiʔ⁴ 背 脊	+	pi³ tsiaʔ⁴ 背 脊
127. leg	kiok⁴ 脚	+++	kiok⁴ 脚	++	tsioʔ⁴ 脚	+	tsioʔ⁴ 脚
128. arm	su² pi² 手 臂	+++	ʃu² 手	++	siu² kuaŋ³ 手 □	+	siu² 手
129. wing	it⁸ kap 翼 甲	+−+	ʒit⁸ 翼	−+	iⁱ pʻaʔ⁴ □ □	−	it⁵ poŋ² 翼 膀
130. * lip	tsʻoi³ sin⁵ 嘴 唇	+−+	tʃoi² ʃun⁵ 嘴 唇	−+	tsoi³ pʻiⁱ 嘴 皮	−	tsi² tʻun⁵ pʻi⁵ 嘴 唇 皮
131. * fur							
132. navel	tʻu² tsʻi⁵ 肚 臍	+++	tu² tsʻi⁵ 肚 臍	++	tu² tsʻi⁵ 肚 臍	+	tu² tsʻi⁵ 肚 臍
133. guts	tu² tsʻoŋ⁵ 肚 腸	++	tu² tʃʻoŋ⁵ 肚 腸	÷	tu² 肚		不 詳
134. to spit	pʻi³ 費	+	pʻui³ 費		不 詳		不 詳
135. milk	nen³ □	++−	nen³ ʃui² □ 水	÷−	lien³ □	−	lai¹ 奶
136. fruit	saŋ¹ kuo² 生 菓	+++	ʃui² ko² 水 菓	++	sui² ko² 水 菓	+	kuo² 菓
137. flower	fa¹ 花	+++	fa¹ 花	++	fa¹ 花	+	fa¹ 花
138. grass	tsʻo² 草	+++	tsʻo² 草	÷+	tsʻau² 草	+	tsʻau² 草
139. with	tʻuŋ⁵ 同	−−+	lau¹ □	+−	lau¹ □	−	tʻuŋ⁵ 同
140. * in							
141. * at	tsʻoi¹ 在	+○○	tsʻoi¹ 在	○○	tsai³ 在	+	tsʻai⁷ 在
142. if	iok³ he³ 若 係	+ +	ʒok⁸ ʃi³ 若 是	÷	不 詳		loʔ⁴ ua⁷ 若 話
143. mother	oi¹ i 嬢 兒	++−	oi¹ ŋioŋ⁵ 嬢 娘	÷−	oi¹ tsi² 嬢 子	−	m² ma¹ 姆 媽

調查項目	梅縣	桃涼臨	桃園	涼臨	涼水井	臨	臨	川
144. father	ia⁵ i 爺兒	＋＋－	ʒa⁵ ʒa⁵ 爺爺	＋－	ia⁵ 爺	－	tia¹ tia¹ 爹爹	
145. husband	lo² kuŋ¹ 老公	＋＋＋	lo² kuŋ¹ 老公	＋＋	lau² kuŋ¹ 老公	＋	lau² kuŋ¹ 老公	
146. wife	lo² p'o⁵ 老婆	－＋＋	pu¹ ɲioŋ⁵ 晡娘	－－	lau² p'o⁵ 老婆	＋	lau² p'o⁵ 老婆	
147. salt	iam⁵ 塩	＋＋＋	ʒam⁵ 塩	＋＋	ien⁵ 塩	＋	iem⁵ 塩	
148. ice	pen¹ 氷	＋＋＋	pen¹ 氷	＋＋	pin¹ 氷	＋	pen¹ 氷	
149. snow	siet⁴ 雪	＋＋＋	siet⁴ 雪	＋＋	sye?⁴ 雪	＋	syet⁴ 雪	
150. to fleeze	kiat⁴ pen¹ 結 氷	－－	tuŋ³ pen¹ 凍 氷	－	nin³ pin¹ □ 氷		不　詳	
151. child	se³ ɲin⁵ i 細人兒	＋＋－	se³ ɲin⁵ 細人	＋－	sei³ tsi² 細子	－	ŋa⁵ tsai² □ 仔	
152. dark	am³ 暗	＋＋＋	am³ 暗	＋＋	an³ 暗	＋	om³ 暗	
153. to cut	ts'iet⁴ 切	＋＋＋	ts'iet⁴ 切	＋＋	t'ie?⁴ 切	＋	ts'iet⁴ 切	
154. wide	fat⁴ 濶	＋＋	fat⁴ 濶	＋	fa?⁴ 濶	＋	不　詳	
155. narrow	hap⁸ 狹	＋ ＋	hap⁸ 狹	＋	不　詳		hap⁸ 狹	
156. far	ian² 遠	＋＋＋	ʒan² 遠	＋＋	ien² 遠	＋	yen² 遠	
157. near	kiun¹ 近	＋＋＋	k'iun⁷ 近	＋＋	tsyn¹ 近	＋	ts'in⁷ 近	
158. thick	p'un¹ 笨?	＋＋	p'un¹ 笨?	＋	p'ən¹ 笨?	＋	不　詳	
159. thin	p'ok⁸ 薄	＋＋＋	p'ok⁸ 薄	＋＋	p'o?⁸ 薄	＋	po?⁸ 薄	
160. short	ton² 短	＋＋＋	ton² 短	＋＋	ton² 短	＋	ton² 短	
161. heavy	ts'uŋ¹ 重	＋＋＋	tʃ'uŋ 重	＋＋	ts'uŋ¹ 重	＋	t'uŋ⁷ 重	
162. dull	t'un³ 鈍	＋＋＋	t'un⁷ 鈍	＋＋	t'un¹ 鈍	＋	t'un⁷ 鈍	

調查項目	梅縣	桃凉臨	桃園	凉臨	凉水井	臨	臨	川
163. sharp	li³ 利	+－－	li⁷ 利	－－	k'uai³ 快	+	k'uai³ 快	
164. dirty	lam⁵ sam⁵ □ □	－－－	o¹ tsau¹ □ □	－－	lai¹ tai¹ □ □	－	lap⁴ t'ap⁴ 遢 遢	
165. bad	fai³ 壞	+－－	fai⁷ 壞	－－	lan² 難	－	siu ŋ⁵ 垂	
166. rotten	mut⁴ 沒	+－－	mut⁴ 沒	－－	lan³ 爛	+	lan⁷ 爛	
167. smooth	uat⁸ 滑	+++	vat⁸ 滑	++	va ʔ⁸ 滑	+	uat³ 滑	
168. straight	tsʼit⁸ 直	+++	tʃʼit⁸ 直	++	tsʼ⁸i ʔ 直	+	t'i ʔ⁸ 直	
169. correct	tui³ 對	+++	tui³ 對	++	tui³ 對	+	tui³ 對	
170. left	tso² 左	+++	tso² foŋ¹ 左 方	++	tso² 左	÷	tsuo² 左	
171. right	iu³ 右	+++	ʒu³ foŋ¹ 右 方	++	iu³ 右	+	iu⁷ 右	
172. old	k'iu³ 舊	+++	k'iu³ 舊	++	tsʼiu³ 舊	+	k'iu⁷ 舊	
173. to rub	tsʼo³ 挫	－－	tsʼut⁸ 拭		tsʼa ʔ⁴ 擦		不 詳	
174. to pull	paŋ¹ □	+－－	paŋ¹ □	－－	lo¹ □	－	la¹ 拉	
175. to push	suŋ² 攃?	+－－	suŋ² 攃?	－－	t'ui¹ 推	+	t'ui¹ 推	
176. to throw	t'iau² □	－－－	p'iaŋ² □	－－	tiu¹ 丟	－	iu⁷ □	
177. to hit	ta² 打	·+－－	ta² 打	－－	p'a ʔ⁴ 拍	+	p'a ʔ⁴ 拍	
178. to split	p'o³ k'oi 破 開	－++	liet⁸ k'oi 裂 開	－－	p'o³ 破	+	p'o³ k'oi¹ 破 開	
179. stick	kun³ʔi 棍 兒	÷++	kun³ l 棍 □	++	kun³ 棍	÷	kun³ 棍.	
180. * to dig	ua¹ 挖	○+○	vet⁴ 挖	○+	va¹ 挖	○	uat⁴ 挖	
181. to tie	ta² ket⁴ 打 結	+－	ket⁴ 結	－	t'a ʔ⁴ □		不 詳	

調查項目	梅　縣	桃涼臨	桃　園	涼臨	涼水井	臨	臨　　　川
182. * to sew	lioŋ⁵ □	－－－	lien¹ 縺？	－＋	liau¹ □	－	tien² 縺？
183. to fall	t'iet⁴ 跌	＋－＋	tiet⁴ 跌	－＋	lo?⁸ 落	－	tiet⁴ 跌
184. to swell	tsoŋ³ 脹	＋＋＋	tʃoŋ³ 脹	＋＋	tsoŋ³ 脹	＋	toŋ³ 脹
185. to think	sioŋ² 想	＋＋＋	sioŋ² 想	＋＋	sioŋ² 想	＋	sioŋ² 想
186. to sing	ts'oŋ³ 唱	＋＋＋	tʃ'oŋ³ 唱	＋＋	ts'oŋ³ 唱	＋	t'oŋ³ 唱
187. to smell	p'i³ 鼻	＋＋－	p'i⁷ 鼻	＋－	p'i³ 鼻	＋	siuŋ³ tau 臭？□
188. to puke	p'on¹ □	－－	eu² 嘔	－	t'ui³ □	不　　詳	
189. to suck	ts'ot⁴ □	－－	ts'ion¹ □	－	so?⁴ □	不　　詳	
190. to blow	tʃ'oi¹ 吹	＋＋＋	tʃ'oi¹ 吹	＋＋	ts'ui¹ 吹	＋	t'ui 吹
191. to fear	kiaŋ¹ 驚	＋－－	kiaŋ¹ 驚	－－	p'a³ 怕	＋	p'a³ 怕
192. to squeeze	k'ak⁸ □	＋－	k'ak⁸ □	－	lo?⁸ □	不　　詳	
193. to hold	na¹ 拿	＋＋＋	na¹ 拿	＋＋	la¹ 拿	＋	la³ 拿
194. down	ha¹ 下	－－＋	lok⁸ 落	＋－	lo?⁸ 落	－	ha⁷ 下
195. * up	soŋ² 上	○＋○	ʃoŋ⁷ 上	○＋	soŋ² 上	○	soŋ⁷ 上
196. ripe	suk⁸ 熟	＋＋＋	ʃuk⁸ 熟	＋＋	su?⁸ 熟	＋	su?⁸ 熟
197. dust	ts'in⁵ foi¹ 塵　灰	＋	tʃ'en⁵ foi¹ 塵　灰		不　　詳		不　　詳
198. alive	saŋ¹ 生	＋＋－	saŋ¹ 生	＋－	saŋ¹ 生	－	uot⁸ 活
199. rope	sok⁴ ma¹ 索　蔴	＋＋＋	sok⁴ 索	＋＋	so?⁴ ma⁵ 索　□	＋	so?⁴ 索
200. year	se³ 歲	＋＋＋	soi³ 歲	＋＋	soi³ 歲	＋	sui³ 歲

3.相關問題點的注解

1.　ŋai 是 ŋo 的白話音形式（參照拙稿「中國五大方言……」注的部分）。僅有臨川是採文言音的形式。一般認爲：這是由於文言音的形式與白話音的形式相互抗衡，文言音獲勝所致。此外，亦有可能是來自其他的借用形（在南昌——依北京大學《漢語方言詞匯》所載，以下亦同——讀做〔ŋo²〕，這一點更加深了這個猜疑）。像這種情況，並無法歸類爲－，但若因此便無條件地納入＋的項目，也有疑問，因而才將之除外，另以 ○ 表示。19.、20.、35.、39.、41.、74.、141.、180. 皆是基於相同的理由。

桃園與梅縣、涼水井雖然聲調不呈對應關係，但仍可以視爲＋。聲母、韻母、聲調三者皆對應者，當然是＋，即使當中有不對應的要素，有時仍可以判斷爲＋。特別是聲調，因爲很容易起變化，在處理上採取較寬容的態度。

2.　臨川與其他三方言在聲調上不呈對應。這有可能是來自南昌（文言音〔li²〕，白話音〔ŋ²〕）的借用語之故，爲求愼重，以 ○ 表示。

將梅縣與桃園、涼水井以 ○ 表示，是基於韻母無對應關係的考量（唯有此時是 syllabic consonant）。橋本萬太郎（參照拙稿「中國五大方言……」的注）將語源擬定爲「吾」（即將第一人稱代用於第二人稱），這若從客家話當中加以互相比較的話，便可發現略嫌牽強附會。我想藉此機會予以訂正（客家話與廣東、北京間的關係，並非一，差不多是 ○ 的關係。因此殘存語的比率會有極小幅度的上昇）。

3.　比較它們是否爲「單數形＋附屬形式＝複數形」，至於附

屬形式之間的差異則不予考量。101.、103. 亦同。因此對應關係
便與 1. 呈同樣的結果。

　　4.　不管單位詞(第 2 音節)，只比較指示詞(第 1 音節)。5.、
7. 亦同。

　　涼水井因〔l〕在〔-i-〕之前發〔t〕之故，與梅縣、桃園呈現＋的
關係。

　　5.　梅縣因韻母不與桃園、涼水井對應，慎重起見，以 ○
表示。108. 亦同。

　　7.　涼水井在整體形式上與梅縣、桃園近似，判定爲 ○ 可
能較穩當。

　　9.　考量到涼水井韻母不與梅縣、桃園對應，判定爲 ○。

　　27.　桃園及臨川屬所謂「並列構造」，二者皆不易界定中心
詞素爲何。梅縣、涼水井在「子」上呈對應關係，以＋表示。43.
亦同。

　　39.　臨川的音位依羅常培所記爲〔ə〕──比〔ə〕略高的中舌
母音❸。相當於北京話的〔ə〕(捲舌韻「兒」)。南昌發爲〔ɔ²tɔ〕，因
此極有可能是從南昌來的借用語。

　　41.　僅有臨川呈現入聲的反切形式(「鼻」在韻書中只有去聲的
反切，至於亦可能爲入聲的反切這一點，請參照拙稿「中國五大方言……」
的注)。南昌爲〔p‘it⁴ kuŋ¹〕，極有可能是來自南昌的借用語。

　　54.　閩南話爲 lim¹，故桃園極有可能是從閩南話來的借用
語。

　　56.　僅有涼水井爲入聲形式，與其它三方言大不相同。所
以標成－。

臨川和梅縣、桃園在聲調上並不對應。這是單純的發音分岐現象，抑或是來自南昌（[ŋau²]）的借用語？難以判斷。慎重起見，以 ○ 表示。

74.　梅縣、凉水井爲文言音的形式（白話音的形式則分別爲 san¹、saŋ¹）。因此桃園、臨川的關係爲 ○。

102.　凉水井因〔k, k‘, ŋ , h〕在〔-i-〕之前顎化成舌面音，所以聲母、韻母皆完全與梅縣、桃園成對應關係。雖然只有聲調不對應，但亦可視爲＋。

臨川在韻母和聲調上並不與其它三方言對應，爲求慎重，以 ○ 表示。

104.　凉水井在整體形式上有與梅縣、桃園近似之處，故標爲 ○ 應較穩當。

107.　本項與 4. 呈平行關係。此時桃園基於韻母與梅縣、凉水井並不對應，以 ○ 表示。

130.　「脣」爲中心詞素。僅凉水井與其它形成－的關係。可能原本爲「嘴脣皮」的形式，因爲組成雙音節詞的關係，「脣」才脫落的。

131. 140.　自調查項目中排除。理由請參照拙稿「中國五大方言……」的注解。

141.　梅縣、桃園爲白話音的形式。並未與凉水、臨川做相互比較，故以 ○ 表示。

180.　「空」（「挖」的原字）在《廣韻》裡做「烏八切」，桃園、臨川的形式正好反映了這個反切形式。

在北京，由於入聲已經消失的關係，這個字（詞素）被讀做

ua¹。一般認爲，梅縣、凉水井是來自北京(官話音系)的借用語。因而將桃園與臨川的關係視爲〇。

　　182.　臨川的來母〔1〕的字，由於在〔-i-〕之前發爲〔t〕之故，與桃園僅僅在聲調上未呈對應關係，故而可以＋表示。

　　195.　「上」在《廣韻》裡有「時掌切」(上聲)及「時尙切」(去聲)兩種反切。上聲做動詞，去聲爲名詞。梅縣、凉水井與桃園、臨川間的聲調上的差異，一般認爲由此而來。本來語源相同，標成＋無妨，但爲求愼重起見，以 〇 表示。

4. 親疏關係

　　以上加以統計，結果如下：

	＋	－	〇	殘存詞率
梅與桃	172	18	8	90.52%
梅與凉	147	38	9	79.45%
梅與臨	128	42	17	75.28%
桃與凉	152	33	9	82.10%
桃與臨	127	48	12	72.56%
凉與臨	127	44	13	74.26%

　　殘存詞率簡直就等於親疏之間的差異，根據上面的數字，可從親近到疏遠的關係，依序排列爲：

　　梅桃 > 桃凉 > 梅凉 > 梅臨 > 凉臨 > 桃臨

　　我想進一步將殘存詞率重新排列如下表，容易對整體做一個

掌握。

	桃	涼	臨
梅	90.52	79.45	75.28
桃		82.10	72.56
涼			74.26

這裡可以看出形成三個明顯的階段。

梅縣與桃園之間最高，臨川與其它之間的數字最低，這點完全合情合理，是個令人滿意的結果。

相較於臨川，涼水井與梅縣、桃園之間的高數字也屬理所當然，唯獨比梅縣與桃園之間低了約 10% 左右這點，倒是出乎意料之外。這樣的差距可以做以下的解釋。

原本海陸豐即是與梅縣距離最近的分派，若欲自海陸豐移居桃園，只要到附近的汕頭，從汕頭搭船，僅僅只需 2～3 晝夜的時間。而若欲移居涼水井，所需花費的心力可就難以相提並論了。首先得到達湖南，經貴州迂迴而往，再由四川盆地北上，綿綿延延長達 2000 公里以上的路程，真不知得花上幾年幾月？這樣的移居過程，一般認為，無可避免地會在途中受到外界影響。

另一方面，以涼水井而言，一旦到達目的地定居之後，便與梅縣斷絕所有往來，桃園則因為和「四縣」系雜居一起，雖談不上直接，卻間接加深了與梅縣之間的交流。

至於臨川與其它三方言之間大致以相同數字出現這一點，值得玩味。這暗示了臨川客家話和一般所認知的客家話是非常不一

樣的。略略低於 70% 這個百分比的一半以下這點，與北京話和蘇州話之間出現的(拙稿「中國五大方言……」)72.73〜73.47% 的數字幾乎相等。正由於一般皆將北京和蘇州劃分為不同音系之故，可見臨川與其它三方言間的「隔離感」有多大。甚至有可能根本無法彼此溝通。

接下來，若將上面的殘存詞率以 Swadesh 的公式

$$d = \log c \div 2\log r$$

來代入的話，求出來的分裂年代的具體數字究竟如何呢？(d 為兩個語言分裂後的年數，c 為共同的殘存詞率，r 為保有率，即 0.81)。

梅與桃	236 年前	雍正年間
梅與涼	545	明初
梅與臨	673	元初
桃與涼	468	明中頃
桃與臨	761	南宋中頃
涼與臨	706	南宋末

整體而言，Swadesh 的公式有年代過新的缺憾，不過，就關係最親近的梅縣與桃園是在 236 年前，清代雍正年間分裂的這點而言，可以說是為客家方言的分裂劃出了下限，我想這樣的意義是值得被肯定的。

這個年代大致也符合羅香林「台灣客家乃第四次大遷徙的結果」之說。

　　桃園與涼水井之間 10% 的差距竟造成年代上約 300 年的相隔，因此，說梅縣與涼水井之間的分裂在於明初這一點，明顯地與史實矛盾。

　　有關客家移住四川的緣由，唯一有可能的是，明末該地發生了張獻忠的兵亂，導致荒廢，清朝爲了重建而進行招墾所致。因此 10% 的差距只能做如上的解釋。

　　依羅常培的推測，認定臨川爲第二次大遷徙之後踏上這塊土地的客家，因此，與梅縣之間的分裂大概也就是 13 世紀前後。所求出的年代大致與此符合。

　　另外，以服部教授的修正式(Swadesh 的 2 以 1.4 替換❶)代入計算，則結果爲：

梅與桃	340 年前	明末
梅與涼	786	南宋中頃
梅與臨	970	北宋初
桃與涼	674	元初
桃與臨	1096	唐末
涼與臨	1009	北宋初

年代當然大爲提前。

　　梅縣與桃園之間的分裂年代被提前到明末，也不盡然不合情理。許多文獻都指出，鄭氏時代(明末清初)已經有客家渡台了。其次，羅常培所做的關於臨川的推測，由於立足於羅香林的遷徙說，不致跳脫羅香林的移動說的假設範圍，因此，要說臨川的分

裂是在唐末北宋初，也不無可能。

　　最後，理當針對同階段中所出現的 2% 左右的微細差距探討其意義，但因爲已大幅超過頁數限制的關係，予以省略。

〔注釋〕

❶袁家驊《漢語方言概要》(北京，文字改革出版社，1960)p.22。

❷羅香林《客家研究導論》(興寧希山書藏，1933)第三章的統計。現在的確實數字不詳。

❸羅香林《客家研究導論》第三章。

❹所謂客家即「客而家焉」之意，與此相對的詞爲「主戶」。「主戶」一般指稱隸屬古越族的畬族，我則懷疑可能是指稱同爲漢族的福建人或廣東人(參照大修館《中國文化叢書 1　言語》1967 所收的拙論「中國的方言」p.441)。

❺楊時逢《台灣桃園客家方言》序。

❻伊能嘉矩《台灣文化志》下卷 4 章「台灣に於ける移殖漢民の原籍及拓地の年代」中記載，「粵族中人數最多者爲惠州(即海豐、陸豐等九縣)、潮州(閩南語系)二府，嘉應州(即梅縣地方)繼之。」

❼羅香林《客家研究導論》第三章的統計。

❽摘自董同龢《華陽涼水井客家話記音》「前言」。

❾羅常培《臨川音系》p.9。

❿本書依序收錄了「海陸話」「四縣話」。

⓫服部四郎〈「言語年代學」即ち「言語統計學」の方法について〉(《言語研究》26-27 號，1954)中有說明。拙稿「中國的五大方言……」以 200 項做爲調查項目，爲比較對照之便，予以沿用。

⓬音韻體系的比較研究極爲重要，並且亦是我所感興趣的，可惜目前並無

　　餘力可以研究。

❸《臨川音系》p.15。

❹參照前揭服部教授論文。

（《現代言語學》所收，東京三省堂，1972年）

（李淑鳳譯）

台語的擬態形容詞組

　　台灣話(台南方言)的單音節形容詞有一種「在後面接雙音節擬態詞」的形式,暫稱之為擬態形容詞組。

　　擬態形容詞組相當常見,拙著《台語入門》所附「台語常用詞彙集」收錄的 130 個單音節形容詞中,已知將近有 80 個能構成擬態形容詞組。

　　中國話(北京方言)也有這個形式,但為數少得多。因此我認為,可以把這個現象視為台語文法上的一個特徵。

　　擬態形容詞組的特徵是:構成 ABB 型的三音節詞,本身可以當完整的形容詞述語句,也就是具有「指示表現」的機能。

　　通常形容詞只能「指示」屬性觀念,並不表達「判斷」(這個心理活動)。因此,台語必須在前面加上「眞」chin¹,北京話必須在前面加上「很」這一類程度判斷的副詞,才能表達完全的陳述意義。

　　但擬態形容詞組無此必要,而且描寫很生動。理由在於形式內部的擬態詞。因為擬態詞的特性是訴諸體驗而非理解,訴諸感情而非理智,具有逼眞的描述力,非一般符號性詞語所能及。

　　以下列舉若干例句:

ang⁵(紅)　ki¹ ki¹　　(鮮紅。有金屬感。濃濃的口紅顏色之類。)

ang⁵(紅)　pah³ pah³　　(紅艷艷。一片艷紅。例如紅地毯。)

o·¹(烏)　ma⁵ ma⁵(→mi⁷ ma⁵)

（黑黑的、髒兮兮的。塗鴉或小孩子玩泥巴之類。）

o·¹(烏)　so⁵ so⁵　　　　　　　（黑漆漆。例如黑暗。）

o·¹(烏)　lek⁸ lek⁸　　　　（帶有青色的黑色。例如瘀青。）

ng⁵(黃)　gim³ gim³　　　　（黃澄澄。例如橘子園。）

ng⁵(黃)　hoh³ hoh³　　　　　（非常黃。例如痰。）

chheN¹(青)　sun² sun²　　　（發青。恐懼時的臉色。）

chheN¹(青)　gin⁷ gin⁷　　（吊起眼梢睨視的樣子。）

peh⁸(白)　siak⁴ siak⁴(→liak⁴ siak⁴)

（白花花。雪白。牆壁或臉色。）

peh⁸(白)　si³ siak⁴　　　　　　（臉色蒼白。）

kiam⁵(鹹)　tok⁴ tok⁴　　　（非常鹹。鹽分太多。）

tiN¹(甜)　but⁴ but⁴　　　（非常甜。糖加太多。）

sng¹(酸)　giuh⁴ giuh⁴　　（酸得皺眉苦臉。）

chiaN²(饗)　phuh⁸ phuh⁸　　　（味道非常淡。）

kho²(苦)　teh⁸ teh⁸　　　（苦得幾乎想吐掉。）

siap⁴(澀)　giNh⁸ koaiNh⁸

（非常澀。不順暢。幾乎吱吱嘎嘎作響。）

phang¹(芳)　kong³ kong³　　（香氣撲鼻。例如香水。）

chhau³(臭)　kaN⁵ kaN⁵　　（臭不可聞。例如廁所臭味。）

chhau³(臭)　hiam¹ hiam¹　（非常臭。不斷發出臭味的感覺。）

au³(腐)　kong⁵ kong⁵　（臭。腐爛的臭味。例如臭水溝或罐頭。）

am³(暗)　bong¹ bong¹(→bin¹ bong¹)

（非常暗。黑暗籠罩的感覺。）

am^3(暗)　so^5 so^5　　　　　　　　　　　　（暗得伸手不見五指。）

kng^1(光)　phiang^5 phiang^5　　　　　　　　　（亮晃晃的。）

khoah(闊)　long^1 long^1(→lin^1 long^1)　　（空空曠曠的。）

eh^8(狹)　chiN^1 chiN^1　　　　　　　　　　　（非常窄。）

iu^3(幼)　mi^7 mi^7　　　　　（柔柔細細的。例如女人的肌膚。）

cho^{-1}(粗)　pe^5 pe^5　　　　　　（粗糙。皮膚或牆壁的粉刷。）

lo^3(躼)　khiak^8 khiak^8　　　　　　　（個子高得像竹竿。）

e^2(矮)　pu^5 pu^5　　　　　　　　　　（矮矮胖胖的。）

teng^7(奠)　khok^4 khok^4　　　　　　　　　（硬梆梆的。）

phaN^3(冇)　ko^5 ko^5　　　　　（空心。例如螃蟹沒什麼肉。）

注：音韻以教會羅馬字標示。

（黃舜宜譯）

1.鐫刻台灣話的墓碑

　　1957 年(昭和 32 年)12 月，我尚在東大研究所博士課程就讀期間，自費出版了《台灣語常用語彙》，這已是 27 年前的往事了。此書雖因所學尚淺而有諸多不足，然而可算是戰後日本除北京話以外的漢語方言相關研究中，最先、也最正式的研究，再加上有幸獲得倉石武四郎教授及服部四郎教授在卷頭題序等等緣故，至今仍廣受討論。

　　我是台灣人，對我而言，台灣話是我的母語。但是台灣自 1895 年(明治 28 年)以來便被日本殖民統治，繼日語之後，北京話成為國語，在普及北京話的「國語」政策之下，台灣話的使用被限制，甚而遭到禁用的壓迫。

　　結果造成包括我在內的許多人，雖身為台灣人，卻無法自由自在地使用台語表達。更有甚者，隨著殖民地教育的滲透，許多人已經不懂得為此感到悲哀。如此下去的話，台灣話衰滅之期恐怕不遠了。後來，雖然在台灣人當中萌生了民族自覺，也採取了愛護台灣話的行動，但是在當時，我真的感到憂心，便抱著鐫刻台灣話墓碑的心情，下筆撰寫這本書。

　　我記錄的是我出生成長的台南市(市中心)的方言。起初也沒料到這竟會成為這本書的一個特色。怎麼說呢？因為到目前為止，有關台灣話的記述(主要都屬於日本時代的成就)經常以台灣最大都市，也是政經中心的台北市為基準，很少有研究者將目標放在台灣的其他地方。❶

　　話雖如此，如果挑偏僻小鄉鎮的方言，則可能有人會批判道：應該有比這個更值得先研究的對象才對。但是，比起台北市那樣一個五方雜處的新興都市，台南是一個以古老傳統自傲的都市，也被視為南台灣的文化中心。因此，本書光憑這點，就能提供學者們一些新鮮的刺激了。

　　台灣話一直是做為口頭語而發展過來的。書面語方面的文獻資料並不多。僅有以漢字記載的「歌仔冊」(kua¹-a²-c'e2⁴)，和用教會羅馬字記載的主要是與基督教相關的報紙書籍而已。

　　「歌仔冊」❷是以七言(7字)或五言(5字)，約 300 到 400 句相連而成的韻文體小冊子，通常每句的結尾都押韻，腔調悅耳，且多半以故事的方式展開。一般認為，這原本是講古仙的說書藍本。

　　現存本當中最古老的，是道光年間(19世紀初期)刊行的，大量被發行是在大正末昭和初，這正好與台灣人的政治、文化運動的最盛期相重疊。台灣話至今仍有許多詞彙無法找出確實的詞源。值得注意的是，這些詞彙，一般都不得不以「假借字」或「造字」來標寫，就算有正字，也會以同音但較容易書寫的字來替代，也就是說，整個方向是朝向標音形式走的。

　　教會羅馬字可追溯至 1832 年(道光12年)在麻六甲出版的 W.

H. Medhurst 的 *Dictionary of the Hok-keen Dialect*《福建方言字典》，但目前通行的系統，據說是在 19 世紀中葉，由 T. V. N. Talmag(漢名打馬字)和 E. Doty(漢名羅帝)二人改良的❸。自1885 年(光緒 11 年)起，在台南發行《台灣府城教會報》(月刊)，為期近 85 年，另外還有新舊約聖經、讚美歌等翻譯及幾種字典出版。❹

　　清朝時代的台灣讀書人用文言文來作詩。到了日本時代，台灣的知識階級起初是用中國白話文，後來便改用日文發表文章。教育普及的現今，幾乎全部都用北京話來書寫了。

　　在「歌仔冊」和基督教的出版物上，台灣話雖然曾經做為書面語(文章語)而不斷進行嘗試，但在「國語」的威脅之下，無法穩定地運籌，以致無法看到台灣話在書面語方面的發展。具體地說，台灣話在因應表現形式的多樣化及科學技術的進步上，於文化詞彙、學術用語和專門語彙等方面的創意發明不夠，又沒有優裕的精神、時間可以精練文章的寫作。但從另一方面來看，基本詞彙尚能持續強韌的生命力，這點還算幸運。

　　我編纂《台灣語常用語彙》時，考量了自己的能力和時間上的限制，決定收錄 5000 條常用語彙。我參考了倉石武四郎教授的《拉丁化新文字北京話初級教本》(1953 年)附錄的「常用一千詞」，和陸志韋的《北京話單音詞詞彙》(1951 年)，再從台灣總督府編的《台日大辭典》(1932 年)中，嚴格篩選了單音節詞(2525 詞)，剩下的，用多音節詞補足。這些詞彙應足以包含日常生活所需了。

　　關於這 5000 詞，我盡可能留意意義素的考察，並劃分詞類，設定了「名詞」、「指代詞」、「數詞」、「範詞」、「動詞」、「形

容詞」、「助動詞」、「副詞」、「情意詞」、「介詞」、「接續詞」、「語氣詞」、「感動詞」等 13 個詞類。我努力找出正確詞源的漢字，至於詞源不甚確定者，則注以「？」，留待他日再研究。同時也盡可能對每個單詞加上例句，示範具體用法。

詞類劃分是一個新的構想，其實就連北京話的詞類劃分也是直到 1963 年 9 月出版的倉石武四郎教授的《岩波中國語辭典》才初次被嘗試的。台灣話(廣義地說，是閩南語)的辭典在那之後也陸續出版了幾種，但其中有做詞類劃分的，除了本書之外，只有村上嘉英編纂的《現代閩南語辭典》(1981 年，後述)。

我在本書中構思了一套羅馬字。許多靈感是來自到 50 年代初期為止流行於中國的拉丁化新文字運動。之後，1960 年到 63 年之間，在台灣獨立聯盟日本本部發行的《台灣青年》(初為雙月刊，後變成月刊)連載的「台灣語講座」中，我又另創了一套羅馬字。前者稱為「王第一式」，後者叫做「王第二式」。

在這同時，中國的拉丁化新文字運動早已不時興，取而代之的是企圖以「漢語拼音方案」尋求全國性的統一。台灣和中國屬於不同的政治實體，我先前也已清楚表明自己的政治立場，因此，我並不為中國當地的情形所影響，絲毫不受拘束地嘗試自己的思考方式。

我於 1972 年出版了《台灣語入門》(台灣青年社，82 年起版權轉至日中出版)，1983 年出版了《台灣語初級》(日中出版)。我在這兩本著作中，揚棄了先前所創的兩套系統，改採教會羅馬字(鼻化韻母和聲調記號稍做修改)。這完全是站在實用性觀點所做的考量。比較過三套羅馬字之後，結果不得不判定教會羅馬字勝出。

　　《台灣語常用語彙》中所謂的「王第一式」，如今想起來有相當唐突之處。例如：使用了 x 表〔h〕，h 則做為「變音」的記號──另外，像以 bh 表〔b〕、gh 表〔g〕之類，還有韻母中的鼻音以〔～〕做為符號等──再來像是〔ə〕音使用了羅馬字字母中不存在的 ə 字，以及將聲調標注在音標的上下，造成美觀上的問題等等，皆屬不妥。

　　我認為在「台灣語講座」裡嘗試的「王第二式」比教會羅馬字進步，「王第一式」當然也比教會羅馬字進步。聲母很接近教會羅馬字的系統，但在〔ts，tɕ〕：〔tsʻ，tɕʻ〕這一組對立的音位，教會羅馬字採 ch:chh，我則將它改為 c:ch。將 h 做為送氣音的符號是合於音韻理論的，而這樣的標音方式如下圖所示，可排除教會羅馬字在舌面音呈現的不對稱現象。此外，c 這個字，服部四郎教授用來標記日語的チ和ツ，《漢語拼音方案》亦用來標示塞擦音（的送氣音，〔tsʻ〕）。

	教會羅馬字	王第二式
唇　　音	p: ph	p: ph
齒齦音	t: th	t: th
軟顎音	k: kh	k: kh
舌面音	ch: chh	c: ch

　　屬於漳州腔特徵之一的濁塞擦音〔dz, dʑ〕──泉州腔讀為〔l〕──教會羅馬字採英語方式以 j 標記，我以英文字母中「閒置不用」的 r 來替代。r 音與 l 音接近，《漢語拼音方案》裡正好也是

用 r。這個聲母的來源為中古音日母〔ɲ〕的字，如「人」、「仁」、「儒」、「二」、「兒」、「熱」、「日」等。

在韻母方面，〔ɔ〕:〔o〕或者〔o〕:〔ə〕這一組後舌圓唇母音（烏、鋪、都、租、姑、對、窩、襃、多、遭、高），教會羅馬字標記為 oˑ:o，「王第二式」改為 ou:o。ou 是從潮州話得來的啓示。潮州話實際上是將「烏」、「鋪」、「都」、「租」、「姑」讀為 ou 的。在右上角以「ˑ」的有無做區分，本來就太過微細，很容易忘了點上去或讀漏了。

鼻化韻母的標記是任誰都感到頭痛的。相較於教會羅馬字在右上角加注小 n，「王第二式」則採取在音標最後加上小的大寫 N（手寫的時候，教會通常會教人在韻母上方畫上～做標記，這是可行的）。但當使用打字方式時，不論 n 或 N 都得另外加裝字鍵。就外觀而言，個人認為與其在右上角加上小 n，不如使用大小與整體音標一致的 N 來得好。

在聲調方面，「王第二式」沿用了教會羅馬字的系統。這是因為反省了「王第一式」時將聲調標注在音標的上下，並不美觀之故。但也並不是說教會羅馬字系統沒有缺點。例如，如何去區分二種平調（陰平和陽去）和二種降調（上聲和陰去），此外，升調的陽平等也都需要檢討，輕聲也需要有明白的標記方式。

這一點北京話相當高明，利用直接的視覺符號加以標示：ā，á，ǎ，à；口。陰平為「高平」，陽平為「低昇」，上為「中凹」，去為「高降」，輕聲則為零。「王第一式」採用在音標上下標注聲調的方式，雖不失創意，但在《台灣語入門》和之後的論文著述中，我斷然採用在音標的右上角以數字標注聲調的做法。陰平

用1，上聲用2，陰去用3，陰入用4，陽平用5，陽去用7，陽
入用8，輕聲用0的方式。從實用的觀點來看，或許有人認爲用
數字加注的方式看起來像化學程式，並不適用於正書法，但這在
學術論文的應用上並無任何不妥之處，印刷上也頗爲方便。

最後想提醒諸位注意的是，敎會羅馬字的原始精神所在，乃
是針對漢字標記發音，等於注音字母。在那之後80年到100年
的注音符號，甚至拼音，實質上也都只是漢字的注音罷了，這樣
看來，當時的敎會羅馬字並不奇怪。

敎會羅馬字對於2音節、3音節的單詞，一定使用連字符來
連接。譬如，「上帝」Siōng-tè、「台灣人」Tâi-oân-lâng。這是
針對漢字加以注音的最佳証明。但這往往讓人有一翻開敎會羅馬
字的書寫文獻，裡面全是連字符的印象。

我主張單詞要連著寫，並且在《台灣語常用語彙》和《台灣語
講座》中做了嘗試，大體上都還合用。只是這樣做，不得不考慮
到「界音法」的問題。所謂「界音法」，是指複音節詞的第2音節以
下的音節爲／，／〔2〕，也就是所謂的以母音起頭的音節時，要
如何標記這個／，／才合理，而且視覺上富於變化。譬如北京
話在拼音上，i和u絕不會出現在音節的最前面，必定由y和w
開始，像 yi(-i)，ya(-ia)，yue(-üe)，yuan(-üan)，和 wu(-
u)，wa(-ua)，wei(-ui)，wang(-uang)。另外，以a、e、o的母
音開始的音節，有時爲避免與前一個音節產生界限混淆不清的情
況，會加上「'」。

我從這裡得到了提示，在《台灣語常用語彙》和《台灣語講座》
中，將「閒置不用」的j和w應用在「界音法」上。像是ji(-i)，ja

(-ia)，jo(-io)，jiu(-iu)，jam(-iam) 和 wu(-u)，wa(-ua)，wui(-ui)，wan(-uan)。

我之所以批判教會羅馬字的連字符，另外想出了「界音法」，完全是出於期望羅馬字能發展為可與漢字匹敵的正書法的考量。儘管如此，我終歸還是採行教會羅馬字。其理由在於：教會羅馬字實際上有以基督教徒為主的台灣人在使用，而且可以即時地取用教會羅馬字的文獻，總之，是在評估了實用性後所做的抉擇。

現今在台灣，「台灣話」和「台灣人」這兩個用語已成政治上的禁忌。並非因為有什麼法律上的明文規定，而是一種看不見的壓力，讓大家有了某種自主性的規範。台灣話的相關論文、著作之所以特意用閩南語或福建話稱之，我想多半也是為了避免觸及禁忌吧！

但將台灣話稱為閩南語的做法，非但不切合實際，也與長久以來的習慣用法脫節。甚至在學術上也稱不上正確。台灣人習慣叫自己的話做 tai⁵-uan⁵-ue⁷，現實生活中幾乎也都這樣稱呼。這好比湖南人稱自己的話為湖南話，上海人稱自己的話為上海話一樣，十分自然。

此外，閩南語是相對於閩北語的術語，其上位概念為閩語（福建話），下位概念則包含了廈門、泉州、漳州、潮州、海口和台灣的諸方言。因此若稱「台灣閩南方言」還說得過去，只不過用台灣話就夠流通了，實在不需這麼冗長的名稱。

原本台灣話就有廣義和狹義之分，廣義是指全體台灣人的語言——400 年來和這個島嶼風雨同舟走過來的住民，像是佔多數的福建系，少數派的客家系，還有更少數派的高山族的語言，都

應包括在內。至於狹義的台灣話，則指多數派的福建系的語言。
即使是高山族也會因與漢族的關係漸深，自然而然會說福建系或
客家系的語言。於是，通常提到台灣話，多半便指福建系的語
言。本稿爲求正確，在此也特別聲明：我採用的台灣話是狹義的
台灣話。

2.政府方面的研究成果

我依年代順序，介紹至目前爲止有關台灣話音韻方面的主要
論文著述，並針對這方面的研究進展狀況挑出要點加以說明。

　(1)《台語方音符號》

　　　朱兆祥編著　台灣省國語推行委員會出版　1952 年 8 月
　　　橋樑叢書第二種

　(2)《台灣省通志稿　卷二　人民志語言篇》

　　　吳守禮纂修　台灣省文獻委員會編　1954 年 12 月

二次大戰日本戰敗的結果，導致台灣被納入國民政府的統
治。對國民政府而言，在台灣驅逐日語，推行北京話做爲「國
語」，成了基本政策之一。於是在台灣省行政長官公署教育處之
下設置了台灣省國語推行委員會(主任委員：魏建功)(1946 年 4 月創
設，59 年 6 月撤廢)。該會分有掌管語言情況的「調查研究組」、負
責教材的「編輯審查組」以及教育指導的「訓練宣傳組」，積極推動
工作。❺

朱兆祥是當初的創設委員，我不甚清楚其經歷，只知他是很
活躍的廈門和台灣的閩南方言權威，後來出國前往新加坡。吳守
禮(1909 年生)是台灣大學教授，也是我同鄉同學的前輩。日據時

代以來，他一直從事台灣話研究相關文獻的整理，評價甚高，是唯一被任命爲委員的台灣人。

台灣省國語推行委員會一方面訂定「國語」的標準音，一方面採取「實行台語復原，從方言比較學習國語」❻。現在看來，可說是有點令人難以置信的一種先進想法。國民黨台灣省黨部發行的機關報《台灣新生報》連載了附議此一方針的社論。其最具代表性的觀點，全譯如下：

恢復台灣話的方言地位❼

推行國語「不必」也「不能」把方言消滅。

爲什麽「不必」把方言消滅呢？因爲國語本身也是一種方言。因爲它合乎作爲全國通用語的條件，所以採用它做國語。這也就是把它的使用範圍擴大了，從一個區域擴大到全國。有了這種全國通用的語言，其他區域的方言，仍舊可以在其區域內通行。方言在其區域內通行，不但不妨礙國語的推行，反而對於國語的推行有幫助。因爲方言和國語是由一種語言演變而成的不同的支派，彼此的語法是大致相同的；語音的差別雖大，也有演變的系統可尋，並不像兩種不同系統的語言的音那麽毫無關係。保存方言，可以用比較對照的方法來學習國語，所以對於推行國語是有幫助的。

爲什麽說「不能」消滅方言呢？因爲方言和國語是同系的語言。推行同系的語言的一支派來消滅另一支派，是不可能的。而且正像保存方言能幫助國語推行一樣，推行國語也能幫助方言的保存。歷史上確是有若干種語言死亡了，但都不是被和它同系而

同時通行的另一支方言消滅的。不但如此，就是強力推行另一種
語言，也不容易把原來通行的語言消滅。日本人在台灣推行日本
話，方法那麼周密狠毒，經過了五十年的時間，也沒有把台灣話
消滅啊！

　　台灣話雖然沒有被日本話消滅，可是已經被日本話攪亂得多
少有些變質了；並且因爲受日本話的強力的壓迫，台灣話同我國
其他區域的方言相比，它已經喪失了它應有的方言地位。現在本
省推行國語固然很重要，同時我們還應該設法恢復台灣話應有的
方言地位。

　　一種方言在它自己的本區域內，應該是日常的生活用語。現
在台灣省的情形是：自政府機關、學校，乃至一般社會，大多使
用日本話。這樣誠然是「便利」，但這種「便利」並不是合理的。現
在，國語在本省固然還沒有推行得很普遍，可是台灣方言總是本
省人都會說的啊，爲什麼在可以用台灣方言的時候，也不用台灣
方言而用日本話呢？這不是台灣話喪失了它應有的地位嗎？

　　我們要恢復台灣話的方言地位，第一就是在凡可以用台灣話
的時候，都用台灣話，不用日本話。其次，從內地來的不會台灣
話的人，應該學習台灣話，就像不會廣東話的人，到了廣東要學
廣東話一樣。因爲台灣話同內地各種不同的方言同樣有被學習的
資格，至少我們在心理上應該這樣想才對。自然，到本省的國語
推行普遍之後，從內地來的會說國語的人，就用不著再學台灣話
了；可是現在本省通行的還是日本話，我們就是不會說國語，不
會說台灣話，也不應該再用日本話。那麼就只有兩條路可走：推
行國語，學習台灣方言。這兩條路是可以同時並行的。

　　恢復台灣話的方言地位，仔細說起來，並不是一件很簡單的事，恢復的方法，也不僅上面所說的兩種，但是這兩種方法可以說是最基本的；因為我們要恢復台灣話應有的方言地位，首先應該改變我們對台灣話的心理態度。現在無論外省人和本省人，對台灣話的心理態度，至少是還沒有把它和其他區域的方言同樣看待。因此我提出這一個問題，希望大家注意。

　　論文的重點在末段，與其說作者是在指陳政府強力推行「國語」的不是，還不如說作者對台灣人因為日本話的關係而扭曲台灣話、喪失自尊的強烈批判更叫人印象深刻。

　　所謂「被日本話攪亂得多少有些變質」的台灣話，具體指的是什麼呢？在另一篇社論「何以要提倡從台灣話學習國語？」❽裡，有以下的指陳：

1. 台胞寫文章，多少有點受到日本語法的影響。（王按：指的是有很多日語的思想表達方式吧。）

2. 台胞用漢字，幾乎全是日文中的漢字觀念。（王按：指不使用繁體字，而使用日本的簡體字這件事吧。）

3. 台胞學國語，很受日語發音的影響，也大半用日本人學中國話的方法。（王按：無從瞭解受日文發音的影響具體所指為何？後段應是指不導入音韻對應的法則，反用一些不得要領的方法學習。）

4. 台胞說台灣話，沒有說日本話方便。（王按：接受日語教育愈徹底的人，此一現象愈明顯，這是無可奈何的事。）

5. 台胞認爲台灣話與日本話沒有關係，因而對於祖國的國語也大有毫無關係之感。（王按：這種說法太極端。只是未有人整理，予以系統化，然後應用於教學上。）

6. 台胞因爲日本話的標準訓練，自然養成信守標準的習慣，對沒有絕對標準的國語頗覺困難。（王按：日本人確實在台灣努力自我約束不使用方言，不過，在重音方面卻馬馬虎虎。相形之下，中國人則是隨性地口操方言或使用「藍青官話」──非純正的北京話。）

在那之後不久，董同龢也發表了有關台灣話和日語的評論文章。

「日本曾經統治台灣五十多年，日本人努力推行他們的『國語』。這是台灣閩南話在發展上不同於廈門話的一個重要環節。然而，日語與漢語完全是兩種不同的語言。所以，日本人充其量也只能使日語成爲台灣人的第二種語言，決不能根本改變他們的母語。日語給台灣閩南話的影響（其實客家話也是一樣）只在詞彙方面。至於語言的基礎，尤其我們現在討論的語音系統，是不會有什麼特別變化的」。（《記台灣的一種閩南話》p.146）

我認爲這比較接近眞相，「何以要提倡從台灣話……」的看法略顯嚴苛。台灣話在詞彙方面所受的日語影響，幾乎全屬文化詞彙的借用。

台灣話	日　語	北京話
cui²-tə⁷	（水道）	自來水
ua²-su¹	（瓦斯）	煤氣
cu⁷-toŋ⁷ -c'ia¹	（自動車）	汽車
tai⁷-c'iat⁴	（貸切）	包車
siŋ⁷-hap⁸	（乘合）	公共汽車
c'iat⁴-c'iu²	（切手）	郵票
su³-si¹-a²	（壽司）	？
t'a¹-t'a¹-miN³	（疊）	榻榻米

…………

　　相反地，我對廈門方言一直感到憂心。由於陸地相連的關係，且北京話又是標準話，北京話所帶來的影響，恐怕不僅止於詞彙方面，音韻和語法上可能也都受到了影響。我曾經與戰後來台的廈門人有過簡短的交談經驗，讓我印象極為深刻的是，才短短幾句對話，便覺得：「啊，這可真是大不相同！」最令人在意的是語詞有很多輕聲音節，關於這一點，我始終沒有機會問明白，這究竟是傳統的現象？還是受到北京話的影響？

　　舉個淺近的例子，假設用台灣話來唸《廈門音系》卷末的〈北風和太陽〉，肯定不會和廈門方言的「標音舉例」一樣。語氣助詞的用法就是其一，再者，諸如把「誰」說做〔tɕi tsui〕，「這個」講做〔tɕi kɔ〕，「很久以前」講做〔lau ku〕之類的表現，都是台灣話所沒有的。（漢字應可分別寫做「是誰」、「這個」、「老久」）

　　就歷史事實來看，台灣人欣喜於「回歸祖國」而致力學習「國

語」，日語則正好呈反比，從社會上急速消失。在這種改朝換代的歷史轉換時期，台灣話成了溝通的手段。雖然年輕人差不多都忘了台灣話，但要是逼急了，復原力足以令人瞠目。戲劇活動之所以風行一時，或許就是以說話做為媒介的緣故吧？編劇和演員透過舞台直接用台灣話和台下互動，觀眾則抱以熱烈的掌聲回應，激起了彼此的連帶感。

但台灣人發表文章時，仍必須依賴日語。我個人參與過的事例當中，像國民黨中央宣傳部在台南發行的《中華日報》❾，不知何故在隔年的 1946 年 3 月 15 日開設了日文欄，也向我邀稿。我原本就料定日文欄不會存活太久，便抱著「那就藉此讓日語綻放出最後的光芒吧！」的心態，滿懷熱情地參與了。果不期然，日文欄在那年的 10 月 24 日便被廢止了。

在這個時期，台灣人不太敢要求政府。一方面因為語言無法溝通，一方面則是由於對自己和政府之間的關係沒有衡量的準則。印象中，曾經在報紙上讀過以台灣人立場要求恢復台灣話的報導。倒也不是什麼反對推行「國語」的主張，內容是：「在大陸各省，聽說學校教育都使用方言，因此，台灣是不是也應該准許學校教育使用台語？」

到了 1947 年 2 月 28 日，發生了所謂的二二八事件，使情況有了新的轉變。政府重新研擬台灣統治政策。這進一步促成了「國語」的推行。從此，台灣省國語推行委員會不再提復原台灣話，日語也幾乎從台灣人社會中消失殆盡。台灣人亦割捨了對台灣話的依戀，認真地準備學習「國語」。這種趨勢一直持續到七〇年代初期。

話說我手邊的《台語方音符號》是 1952 年出版的，初版是在二二八事件發生之前，也就是台灣省國語推行委員會提倡「復原台灣話」的時期。在當時還夾雜出版了下面這一連串的教科書：

《台語羅馬字》（未刊，1948 年使用於國語日報語文乙刊）

《台灣省適用注音符號十八課》（新生報國語週刊連載）

《國台字音對照錄》

《廈語方音符號傳習小冊》（朱兆祥）

《實用國語注音台灣方音符號合表》（朱兆祥）

《台灣會話》（陳逴環）

《台灣方音符號表》（林良）

《國台音系合表》（朱兆祥）

《注音台灣語會話》（陳逴環）

《國台通用語彙》（朱兆祥）

《注音符號和方音符號》（何容、朱兆祥）

《標準台灣方言課本》（鐘露昇）

《台語對照國語會話課本》（朱兆祥）

其中有幾種較受好評的著作，在五〇年代初期以橋樑叢書為名再版❿。

「台語方音符號」，顧名思義就是台灣話的注音符號。然而，它用的是和北京話相同的音韻，因此只要將原先已制定好的符號原封不動地採用，再想出一些北京話裡沒有的音韻就行了。像是濁音的〔b〕〔g〕〔dz〕〔dZ〕，帶鼻音韻尾 -m 的韻母，還有入聲韻（詳細參照末尾的聲母、韻母、聲調記號比較表）等等。因為是專家智慧的結晶，既有系統又合理，沒有需要更動之處。

只不過，注音符號的精神乃是針對漢字的發音標記，因此，一旦脫離了漢字，全以注音符號書寫，就判讀不易了。台灣話因爲較北京話符號多，又複雜，情況更糟。

《台灣省通志稿　卷二　人民志語言篇》，係 1949 年 7 月成立的台灣省文獻委員會(主任委員：林獻堂)所企劃的《台灣省通志稿》(32 冊)中的一本。內容包括「第 1 章緒論、第 2 章音系、第 3 章語法、第 4 章(附錄)方言羅馬字文獻列述」。

第 1 章和第 4 章反映了吳守禮的學問背景，寫得相當詳細。我對此頗感興趣，也覺得很有助益。只是可視爲正文的「音系」，幾乎全引自《日台大辭典》(台灣總督府編，1910 年)小川尚義執筆的「緒言」部分，令人感到有些遺憾。不過，因爲小川尚義的「緒言」乃是有關台灣話首見的科學研究，特別是藉由中古音對閩南各方言所做的音韻方面的精密比較研究，坊間並無類似著述，吳守禮的全盤引用，也不盡然是沒有意義的。

吳守禮從中特別挑出了廈門、泉州及漳州這三個方言的韻母，將它們和台南方言對比，試圖求證哪種腔調在自己的語言裡較具優勢，頗爲有趣。他所例示的有韻母 29 條，聲母 1 條，在此試介紹其中數條(音韻標記經過筆者修改)。

支、微韻字的白話音

	吹	髓	飛	被	尾
廈	$c'e^1$	$c'e^2$	pe^1	$p'e^7$	be^2
泉	$c'ə^1$	$c'ə^2$	$pə^1$	$p'ə^7$	$bə^2$

漳	cʻue¹	cʻue²	pue¹	pʻue⁷	bue²(吳)

魚韻字的文言音

	慮	除	暑	據	余
廈	lu⁷	tu⁵	su²	ku³	u⁵(吳)
泉	lɨ⁷	tɨ⁵	sɨ²	kɨ³	ɨ⁵
漳	li⁷	ti⁵	si²	ki³	i⁵

齊韻字的白話音

	底	犁	洗	細	鷄
廈	tue²	lue⁵	sue²	sue³	kue¹
泉	təi²	ləi⁵	səi²	səi³	kəi¹
漳	te²	le⁵	se²	se³	ke¹(吳)

臻攝牙喉音字的文言音

	根	恩	銀	巾	云
廈	kun¹	un¹	gun⁵	kun¹	un⁵
泉	kɨn¹	ɨn¹	gɨn⁵	kɨn¹	ɨn⁵
漳	kin⁵	in¹	gin⁵	kin¹	in⁵(吳)

陽韻字的白話音

	兩	章	想	鄉	樣
⎧ 廈	niuᴺ²	ciuᴺ¹	siuᴺ²	hiuᴺ¹	iuᴺ⁷
⎩ 泉	niuᴺ²	ciuᴺ¹	siuᴺ²	hiuᴺ¹	iuᴺ⁷

漳	nioɴ^2	cioɴ^1	sioɴ^2	hioɴ^1	ioɴ^7（吳）

山、臻攝合口韻字的白話音

	酸	穿	飯	遠	問
廈	sŋ^1	cʻŋ^1	pŋ^7	hŋ^7	mŋ^7（吳）
泉	sŋ^1	cʻŋ^1	pŋ^7	hŋ^7	mŋ^7
漳	suiɴ^1	cʻuiɴ^1	puiɴ^7	huiɴ^7	muiɴ^7

　　吳守禮曾在別的場合❶提到自己的發音,「和廈門音一致的有3,和泉州音一致的有3,與漳州音一致的有7。」漳州腔看來比泉州腔優勢,我個人大體上和他看法相同。

3.董同龢的貢獻

　⑶《記台灣的一種閩南話》
　　　董同龢、趙榮琅、藍亞秀著　歷史語言研究所單刊
　　　1967 年 6 月

　　事實上在這之前,董同龢還有下面兩篇論文著述。
　　《廈門方言的音韻》
　　　歷史語言研究所集刊 29 本所收　1957 年 11 月
　　《四個閩南方言》
　　　歷史語言研究所集刊 30 本　1960 年
　　前者試圖對廈門方言做出比羅常培《廈門音系》更精密的記述。後者則是比較了晉江(泉州系)、龍溪(漳州系)、揭陽(潮州系)

三個方言的音系。每個方言都是尋找大陸淪陷後(1949年秋)來台灣避難的當地出身者做資料提供人。

據說董同龢是在1949年歷史語言研究所遷移到台灣時一起過來的。❶❷《四個閩南方言》的「引論」中提到：1952年到54年間，採錄了十多種閩南各地的方言，目標原本要將其擴大，詳細比較研究一整個大方言區，但由於適合提供資料的在地人找尋不易，加上本身能力方面的考量，只得僅就廈門和其他較具代表性的三個方言做比較研究。

差不多同一時期，董同龢以呂碧霞這位女性做為提供資料的在地人，記錄了台北方言，但單行本的發行頗晚。另外，趙榮琅和藍亞秀二人為董同龢的弟子。在這本書的「前言」，他提到針對前人的成績所做的評價。我認為有參考價值，將之節錄如下：

對象是目前在台灣北部流行的一種閩南語，不是廣義的遍佈於閩粵台瓊以及海外的閩南語——「福佬話」，也不是所謂閩南的標準語——「廈門話」。記述閩南語有成就的，最早要算 Carstairs Douglas〔王：道格拉斯，漢名杜嘉得〕的 *Dictionary of the Vernacular or Spoken Language of Amoy* (1899, London)（王：廈門白話字典，1873年成書，1899年出版），其次便是 Thomas Barclay（王：漢名巴克禮）的 *Supplement to Dictionary of the Vernacular or Spoken Language of Amoy* (1923, 上海)（王：廈門白話字典補編❸），以及 W. Campbell（王：漢名甘為霖）的 *A Dictionary of the Amoy Vernacular* (1913, 台灣)（王：廈門音新字典）。這幾位傳教士都把「Amoy Vernacular」作廣義的閩南話用。

　　第一個用科學方法研究閩南語的是羅常培先生。他的《廈門音系》(1930，北平)旨在改正 Douglas(道格拉斯)諸人，所用的發音人也是廈門人。最近台灣省有一些「台語」的會話或詞彙出版，值得提起的是林紹賢的《實用台語會話》與國語推行委員會的《注音台語會話》、《國台通用詞彙》，以及散見於《國語日報》「語文乙刊」的謎語、歌謠……的注音。

　　這幾種都標出「台語」字樣；不過實際上林紹賢完全依據傳教士的字典注音，而國語推行委員會的刊物，都聲明以閩南的標準語廈門話為依據，標音記號也是「廈語方音符號」。以實用為目的，大家或把範圍盡量放寬，或只以標準語為據，都是很自然的。我們的目的是研究方言，所以一方面使範圍愈窄愈好，另一方面則把所有的方言看得一樣重要，不管他「標準」或「不標準」。

　　我們記述的是現時流行於台灣北部的一種閩南話。那就包含一層意思，就是台灣的閩南話並不完全一致。一個人，只要他會說閩南話，走遍閩南話流行的區域，和別人交談，總是不會費事的。從這一點固然可以看出台灣閩南話的「大同」，可是我們也不能說其中沒有「小異」存在。事實上，我們也常常聽人家說起，台灣閩南語有「漳州音」與「泉州音」的不同，細心的人還能具體的說出某字「漳州音」如何說，「泉州音」又是如何說。

　　這是對的，台灣的閩南人是從閩南各地遷移而來的，他們說的話應該互有不同，「漳州」與「泉州」不過是一種概括的說法，實際上當不只此二「州」。不過我們也要注意，閩南各地來台灣的人始終沒有各自聚族而居，更不可能在三百年間互不往來，所以台灣的閩南語事實上竟和闢為商埠以後的廈門話相似，竟是各地閩

南話雜糅而成的一種閩南語。所謂一字多音的現象(如「做」可以說作〔tse〕,〔tsue〕或〔tsə〕)在台灣特別多,便是明證。儘管現在還有些人在標榜他自己的話是道地的什麼「州」的音,而實際上,如果和真正的該地土話比較起來,誰也不能否認他的話已經「雜」了。

現時大家都在說,台灣南部的話多「漳州音」,北部多「泉州音」。大致說,這是對的,原因就是起先從「漳州」來的人住在南部的多一點,從「泉州」來的人較多住在北部。不過我們要注意,「南」與「北」之間並劃不出界限,而且南部也不是沒有一些小範圍在流行「泉州音」,北部也不是沒有一些小範圍在流行「漳州音」。

董同龢在末段指出,雖然都叫台灣話,但在北部和南部有著微妙的差異,並進一步說明台灣話並不同於大陸的閩南話。

在此稍做個補充,如果因為「不漳不泉」(put⁴-cioŋ¹ put⁴-cuan⁵)是台灣話最大的特徵,而廈門方言的特徵也是「不漳不泉」,就此認定台灣話就是廈門方言原封不動流通下來的,那就大錯特錯了。

就史實來看,廈門是明末鄭成功做為反清復明基地時開始開發的,而台灣的開發較之更早了半個世紀。從地理上來說,台灣和廈門相比,就像是「面」和「點」的差別,面積根本無法和廈門相比擬。因此,雖說同是「不漳不泉」,台灣發生這個現象的層面更廣,也更富變化。

本書對聲母、韻母、聲韻都做了精密的音聲學上的觀察,這對我們特別有幫助。董同龢撰寫《廈門方言的音韻》的動機之一,就是為補羅常培的《廈門音系》的不完備。再進一步以《記台灣的

一種閩南話》來補「廈門方言的音韻」的不足，就觀察的精密度來看，遠遠超越了《廈門音系》。之後的研究者多以他的觀察為基礎，再挑出其中迥異之處而已，因而提昇了效率。

　　董同龢更進一步加上了音韻論方面的解釋。縱使道格拉斯的字典所使用的羅馬字不合理，受到批判是理所當然的，然而太過強求音系精簡的結果，有些地方不免讓人覺得牽強。

4.「海外學人」的意見

　　(4)《台灣福建話的語音結構及標音法》
　　　　台北，學生書局印行　1977 年 7 月
　　　　鄭良偉、鄭謝淑娟編著

　　本書的特色在於這是居住在美國的學者，為了教導台灣島內人士台灣話的音韻而寫成的教科書。

　　鄭良偉生於 1931 年，台南縣歸仁鄉人。台灣師範大學英文系畢業後赴美，在印第安那大學取得語言學博士學位。現職為夏威夷大學亞洲語言系教授。共著者是他的夫人，高雄人，同為師範大學英文系畢業，於印第安那大學取得圖書館學碩士學位，現任職於夏威夷大學圖書館。

　　作者抱持在美國專攻語言學的自信——台灣人專攻語言學的人極少——口齒清晰地、有系統地教導台灣話發音的基礎。但具體而言，若拿之相較於在日本出版的幾百種北京話入門教科書的話，便可發現其在方法上並無特別獨到之處。吸引我們注意的是，在進入發音教學之前的「第一章　導論」裡，作者是如何以一

個呼吸自由空氣的海外學人身份看待政府的語言政策和台灣話的
將來。

作者這樣寫：

「一個人一生只有一個母語(Mother tongue, Native langua-
ge)。無論是說、聽、寫、讀或思考，也無論是使用母語或其他
語言的時候，一個人絕無法擺脫他的母語。他在母語的語調、語
音、語法、思想、結構、組織能力、表達能力、發言的意志和信
心，應對的口氣和舉止，或多或少都會轉移到他所學的其他語
言。母語既然對自己如此重要，瞭解母語應該是瞭解自己的先決
條件，瞭解母語的語音系統也應該是每人應有的修養。這樣他對
自己的語言生活(無論是母語或其他語言)，才有更高的信心和運用
與欣賞的能力。」

從這一段可窺知作者對台灣的情感。接著作者還說明了台灣
語言的複雜程度。

「語言不斷地在演變，可是不能變得使老年人覺得年輕人的
話聽不順耳，甚至聽不懂。台灣有很多年輕人，在學校裡只學習
以北京話為基礎的國語，因此影響所及，在很多場合連對台灣人
也摻雜用北京話，無形中造成了語言混亂的現象。結果是北京話
與台灣話都說不好，而摻雜北京話的台灣話，或摻雜台灣話的北
京話，都不能在正式的場面使用。如果對長輩使用這種語言，談
話常會被認為糊塗無能，連話都說不清楚。尤其對不懂北京話的

長輩，更是大不敬。有時甚至會被誤會爲故意使用長輩聽不懂的話，以之冷落他們。因此稍有見識的知識份子，應該有起碼的語言修養，能斟酌場合運用適當的語言，以發揮表情達意的效果，並且避免不必要的誤會。

我們在學校裡學會了國語，最大的利益是能在不同語言的族群之間建立人際關係，更可作爲族群之間的橋樑。反觀我們如果把固有的語言能力廢棄不用，那麼與自己周圍人群中的社會關係將隨之萎縮，而貢獻社會的能力也將相應地減退了。

今日在台灣，北京話、台灣話和客家話都有相當的社會作用。年輕人若想爲這個社會服務，必須能有效地運用這三種語言。」

然而，現實情況如何呢？

「學習歷史的目的不是讓人忘記現在，而是要幫助人瞭解現在的情況、解決現在的問題。語言差異既是現在台灣的既成事實，瞭解這個事實的過去成因和當前現況，並研擬辦法，是政界和教育界，以及每個公民應負的責任。

操用不同語言的人如果要在同一個團體中生活，一方面必須互相學習彼此的語言，以增進彼此間的認識和瞭解，另一方面更要培養互相尊重和寬容的態度。

「台灣話是方言，別人不需要學」，這是錯誤的觀念。我們在很多場合只能用台灣話。例如有些人的父母、兄姐只會說台灣話，因此這些人爲了要瞭解父老的情形，並替他們服務，就必須

學習台語。我們如有一套固定的標音法，當可以提供許多方便。我們在盡力學習國語與客家話之外，也要盡力幫助別人學好台灣話。如此，才能促進真正的、相互的親善、和睦與瞭解。這種雙語式的語言統一才是全國團結合作的途徑，也是全民自尊、自重、自信的必要條件。

消滅方言以達到單語式語言統一，既不是國家統一的必要條件，也不是充足條件。說同一語言的人建立兩個或兩個以上的國家的例子(如英、美、澳洲、南非)不少。說不同語言的人建立同一個國家的例子(如瑞士、加拿大、新加坡、中國)也很多。愛爾蘭人原本說愛爾蘭話，經過英國的統治後，幾乎百分之百的人都變得只會說英語，而不會說愛爾蘭話。可是他們卻把英國人恨之入骨，連英協聯邦都沒有加入。相反地，威爾斯人上課、廣播都保留他們的語言，而他們並不因說威爾斯話而脫離英國。因此方言無需消滅：只要加以利導善用即可。」

本書的發音標記採用教會羅馬字。採用理由說明如下：

「過去為台語或廈門話設計的音標至少有十幾套，但歷史最長，使用最多的音標莫過於台灣教會現行的羅馬白話字。國內外教授台語的機構大都採用它。有好幾本辭典也都用它。這個音標除了普遍以外，還有一個好處，即與羅馬字母在英文和國際音標(International Phonetic Alphabet)裡的用法很接近。」

作者在本書以台南腔做為發音的基準，至於將來台灣話的標

準語應該使用什麼腔，則未提及。

　　「本書的編者既要表明台北市和台南市的兩大方言差異(大略等於泉、漳之分)，又因節省篇幅起見，特別設計一個「方音調整符號」。即：凡是在音標下面加橫槓的都表示該音有南北音(包括語音與字音)的不同，學習的人可以循各人的習慣照讀或轉讀。除了在文中有特別說明以外，我們的標音一律根據台南音。如果與台北音的發音一樣，就不加任何的符號，如果有不同的發音，就劃一橫槓，使讀者能做下列的調整，下面用箭號指出相對的台北音，例如：

本文(根據台南音)	台北人讀成	例字
e	e	體、馬、父
e̲	→oe	細、鷄、街
oe	oe	杯、最、罪
o̲e̲	→e(或ə)	火、歲、過
in	in	引、印、眞
i̲n̲	→un	恨、恩、勤、均

　　台南有 e^n 和 i^n 的分別，而台北則只有 i^n，因爲所有的 e^n 音都一律念成 i^n。「張」、「樣」、「腔」等字雖然台南市人念 io^n，可是並不具代表性，因爲南部其他大部分地區人都念 iu^n。因此本書一律寫成 iu^n，台南市人凡遇 iu^n 都須念成 io^n。其他如「彰」、「相」、「將」等字，一般都念 iong，而嘉義等地區則特別

念成 iang。又如「圜」、「光」等字一般都念 ng，而宜蘭、桃園等地區則特別念成 uiⁿ。這些方音差異因為並不普遍，而且也不屬於台北或台南的口音，所以一律不加方音調整符號。希望這些地區的人能各自調整。

在台北音裡，還有一些和台南音不相同的情形，例如「做」chò≡chòe、「針」chiam≡cham，這些雖然是屬於個別獨立的情形，本書也一律加橫槓表示兩地語音的不同。」

「第一章　導論」的最後，作者對教會羅馬字和漢字的關係做了論述。大意如下：

「羅馬字可幫助學習漢字，可以彌補漢字的缺陷。任何一個方言裡都有很多詞彙是雖有固定的音卻沒有寫成字的，這種情形在台灣話裡特別明顯，約有 15%。雖然 15% 的比例並不算高，但大都是日常最常用的詞，因此絕不可輕忽。」

作者提供了兩個方案做為因應對策，即創造新漢字和賦予既有漢字新的讀法或意義。作者還不忘指出這是沿襲了古時六書的原則，以增加其權威性。

在另創新字方面，應用了會意和形聲的原理。譬如「遊玩」chhit-thô 用「迌迌」，「水因搖動而溢出器外」choah 則用「泏」。此外，「附著」tiâu 則寫做「彫」，「窟窿」khut 則用「堀」。

在舊字新用方面，則應用了假借和轉注。譬如「女」寫做「查某」，讀做 cha-bó͘。「可惜」寫做「無採」，讀成 bô-chhái。此

外，「帶領」寫做「導」，讀做 chhōa。「蓋上蓋子」用「蓋」，讀做
khàm。

　　舊字新用的第 3 個招數則是運用所謂的「訓用」，活用古漢語
或北京話裡使用的意義，並稱前者為「古文訓」。例如：

壞	pháiⁿ	惡
美	súi	美
想要～beh		欲

後者則稱做「華文訓」。例如：

壞	pháiⁿ	壞
摔	siak	摔

　　從上面的「壞」同時有 2 個例子可以瞭解到，假借字如果也有
好幾種，用法不一致是很麻煩的。為此，作者也曾經以基礎調查
的方式，對海內外的台灣人學者發出問卷，針對數百個常用詞彙
要使用什麼假借字做了調查。

　　作者主張用漢字書寫台灣話，他說：

　　「標音法只可幫助或彌補漢字，絕不可取代漢字。一些極端
的國粹主義者和對漢字缺乏瞭解與信心的人，往往對一切標音法
抱著一種恐懼和猜疑的心理，認為：大家一旦學會標音法，漢字
必然將被淘汰，而且與漢字有關的一切傳統和文化也都要遭受厄

運。我們認爲音標雖然學習容易，念起來不一定快。尤其是一個
已經學會漢字的人，閱讀拼音文章，往往是又慢又難。

　　同時，爲了文化的傳遞和推廣，爲了各地區方言人士之間的
溝通，更爲了避免某一代人爲了文字突變而遭受代溝的損失和痛
苦，漢字確有存在的價值，音標絕不可能完全取代其地位。因
此，頂多也只能在記錄方言與口承文學時和漢字相輔爲用而
已。」

5. 天理大學的認識和理解

　⑸《現代閩南語辭典》
　　　天理大學親里研究所發行
　　　1981 年 6 月　村上嘉英編

　　本書是繼《台灣語常用語彙》後，在日本出版的第二本台灣話
辭典。因經費關係《台灣語常用語彙》只能用謄寫版印刷，只印製
了三百本，幾乎都是被大學研究室或圖書館買走的，一般人不容
易買到。從這個角度來看，要說本書才是第一本正式的辭典，並
不爲過。

　　本書爲村上「閩南語辭典編纂」的研究計劃題目，在獲得
1973 年文部省研究補助金的機緣之下，當時的親里研究所所長
田中喜久男對此表示了極深的興趣，而將其規劃爲研究所事業中
的一環。他並從台灣招聘了提供資料的在地人，還配置專任的編
纂助教等等，可說是在極優厚的環境下編纂而成的。時代在進

步，在日本的學界能產生對台灣話研究方面的理解，令人不勝歡欣。天理大學能夠在辭典的編纂上捷足先登，有其獨特的背景。親里研究所長山本久二夫在本書的「序」中，明白地指出：

「天理大學自前身的天理外國語學校創校以來，已經有五十餘年始終心存敬意地專研鄰近各國的語言教育和研究。在中國話方面，自外國語學校時代到之後改名為天理語學專門學校的期間，將其分為第一部(北京官話)和第二部(廣東話)，設置了專攻中國方言的廣東話這麼獨特的課程。1949 年，天理大學成立之後，仍將廣東話訂為外語學院中國學系的專門科目必修課程。1966 年則又率先在共同專門科目外國語部門推廣閩南話教育。……語言是人類站在社會的基礎之上，經年累月孕育形成的。因為，不論是全國共通的語言，還是方言，都流著祖先們溫暖的血和民族的心。儘管方言隱身於共通語普及的陰影下，常會一不小心就被人遺忘。但方言也是語言體系中的一種，而且往往比共通語更能盡情生動地表現和傳達。方言雖會受到共通語的影響而在細微的地方產生變化，但在中國話裡，方言仍然保有很強的力量，是每個使用方言的人彼此的聯繫。我認為，只要能更深入地去認識瞭解使用閩南話的人，並將教導的喜悅深刻地烙印在這些人的心坎上，必有助於學會和研究閩南話。」

現今的日本，對於方言研究展現如此深入的認識，且相當有自信又毫不隱諱地闡述自己觀點的人，已不多見了。

村上因為研究台灣話的緣故，從 1962 年起被天理大學派到

台灣留學三年，期間並與台灣女性陳銳女士結婚，締結了一段異國姻緣的佳話。在大多數中國話研究學者都把目光集中在中國大陸的潮流之下，這股傾力研究台灣話的熱情，真是可敬可佩！

針對「台灣的語言生活」，村上如此闡述：

「台灣經過一段極長的歲月，形成了閩南話、客家話、山地話、日本話這四個語言集團。第二次世界大戰後，由中國各地移居台灣的外省人帶來了以北京話為基礎的『國語』和其它各種方言，至此，在台灣的語言生活呈現了更複雜多樣的面貌。今天概觀這個狀況，可以發現到，除了標準語『國語』之外，就屬閩南話最優勢，不管走到台灣全島哪個地方，都能通行無阻。客家話則僅通行於新竹、苗栗、屏東、花蓮等方言區內，使用人口約只佔台灣的百分之十左右。居住在中央山脈的山地和東部的高山族，共分 10 族，泰雅、賽夏、邵、曹、魯凱、排灣、布農、阿美、雅美和卑南族。他們分別都說各自的馬來波里尼西亞語系的語言，整個高山族的總人口約 30 萬餘。在日本統治時代接受過日本教育的人，至今仍有大部分會使用日語。身處這樣的環境之下，迫於需要，幾乎所有的台灣人都精通兩種以上的語言，會三種語言者也不足為奇。」

這番敘述既簡潔又切中要處。

本書所收的詞彙：辭典本文 11,767 詞，固有名詞 757 詞，總計 12,524 詞。儘管為《台灣語常用語彙》的 2.5 倍，但就一般辭典而言，仍算少的。關於這點，村上這樣說明：

　　「由於閩南話是以日常生活息息相關的口頭語方式發展而來的，在詞彙中，學術用語、專門用語或者文言詞彙都還不太固定。因此，本辭典所收錄的詞彙固然不算多，但依我看，已足以涵蓋在台灣說閩南話的人日常生活上所必需的常用詞彙了。」

　　這和我的見解幾乎一致。它和《台灣語常用語彙》的出入何在？在我試著比較 S 這一條時發現，《台灣語常用語彙》有 380 項目，而《現代閩南語辭典》則有 1320 項，相差近 4 倍。這一條可算是相當龐大，究竟多了哪些項目？舉例如下：

seng-âng-jia̍t	（猩紅熱）
seng-bêng	（聲明）
seng-bu̍t	（生物）
sêng-chek	（成績）
seng-chûn	（生存）
sêng-hoat	（乘法）
sêng-ông-iâ-se^n	（城隍爺生）
seng-kàng-ki	（升降機）
seng-kī	（星期）
…………	

等等，可看做是複音節詞的文化詞彙(亦有像「星期」這種從北京話來的借用詞)。這些多半實際有在使用，所以這樣收錄也有它的用

處。

台灣話的辭典中，收錄詞彙最多的是《台日大辭典》(1932年完成)，有9萬多詞。至今尚無出其右者。台灣總督府集合在台著名的日籍和台籍專家，耗時二十餘年，編成了這本B5版，上下2冊，總頁數多達1920頁的大型辭典。

音韻方面，依影響力的大小，依序採用了漳州、泉州、同安、安溪、漳浦、長泰，也記錄了海口的方言音。詞彙方面，收集有國語(日本漢語直譯)、新語、文語、戲語、卑語，甚至罵詞，並廣及動物、植物、礦物、疾病、藥物等領域。這本辭典著實稱得上是台灣話相關文獻資料中一座不朽的金字塔。不僅中國人，連西歐的傳教士都望塵莫及。遺憾的是，台灣和外國的研究學者很多都不懂日語，以致無法活用這本字典。另外，由於台灣人使用的台灣話詞彙逐年貧乏，一些辛苦收錄的詞彙有逐漸變成死語的趨勢，這一點頗令人感到惋惜。接著必須一提的是，由於《台日大辭典》規模太大，不利攜帶。對初步研究的日本人或初學者而言，《現代閩南語辭典》在這方面可說是最合用的。

本書採用台南腔為基準的發音標記。在辭典編纂計劃成立時，「編纂經過」中如此寫道：「一開始便獲得台南出身的提供資料者和編纂助理的協助。」提供資料的在地人是江樹生，1935年出生於台南縣玉井鄉玉井村，台南市長榮中學、東海大學畢業。1972年以中國文化學院(台北市)教授的身份，赴天理大學擔任交換教授。專任的編纂助理為盧恩惠，1925年出生於台南市，台南神學院畢業。以基督教長老教會牧師的身份來日，負責原稿的校閱。我個人認為他是適當的人選。只是，不知基於何種理由，

他們採用台南腔做爲基準？這一點讓我感到不解。

　　本書和前面提到的鄭良偉均未提及將來台灣話的標準音應該爲何？標準音的制定多半涉及政治因素，研究者不願觸及，也不失爲一種卓見。我在《台灣語講座》中則明白地表達了自己的想法：「台北腔以台北在台灣政治、經濟、社會和文化所占的優勢爲背景，主張自己在台灣話中居於標準語的地位，這是理所當然的。而且還有上述文獻做爲奧援。(注：事實上有很多文獻資料都是以台北腔爲依據)筆者個人也願意投下贊成票。不過台南腔出來和台北腔打對台也很有可能，而且是個勁敵。台南腔憑藉的是：台南爲台灣古都；南部政治人材輩出。但是在決定標準語時，歷史古老並不能成爲強有力的立論根據。因爲我們已經看到像日本話中的京都方言拱手讓位給東京山手方言這樣的例子。」⓮

　　最後，關於本書在發音符號上採用教會羅馬字這一點，我想有必要稍做交待。編者在「表記」中提到：

　　「本辭典的閩南語表記，採用了一般稱爲 peh-oē-jī 白話字的教會羅馬字。閩南話的標記法中，除此以外，尚有：片假名式、羅常培式、周辨明式、台灣方音符號、王育德式等等，但普及程度皆不及教會羅馬字。教會羅馬字由基督教傳教士 W. H. Medhurst 手創以來，已經將近有 150 年的歷史，期間經過數度改良，頗經得起使用。事實上，以教會羅馬字書寫、流傳下來的文獻數量相當多，舉凡聖經、基督教教義書、閩南話學習書、閩南話辭典、啓蒙書、歷史書、翻譯書、會議記錄、雜誌等等，範圍相當廣泛，不勝枚舉。

　　但是教會羅馬字很少被使用於教會以外的場所。當要表達自己的意思或想留下記錄時，一般都會以民族共通的文章用語書寫，再利用各不同地區以口頭語形成的文言音來讀它。至於原封不動使用漢字記錄日常生活中使用的閩南話的，就只有『歌仔冊』這種說書時所用的藍本了。其中對於沒有公認漢字的詞彙，處處可見利用假借字或造字對應的苦心。」

6.研究對象擴大

　　(6)「台灣閩南話鹿港方言的語音特色」

　　　　樋口　靖　1983 年 11 月發行　收於《中國語學》230期

　　樋口靖是筑波大學現代語暨現代文化學系專任講師。他就讀教育大學期間，修過我的台灣話的課。他獲得 1983 年度文部省科學研究費的贊助，到台灣留學一年，期間主要針對台灣話的音韻方面做實地調查。本篇便是其中的成果之一。

　　鹿港(lok⁸-kaŋ²)是我一直想去卻始終沒去成的地方。是頗具台灣淵源的城鎮之一。第一個原因是和地名的「鹿」字有關。在台灣西部平原，一直到 17 世紀，都有野鹿繁殖，居民獵打野鹿，將鹿肉、鹿皮、鹿角、鹿鞭(曬乾的雄鹿生殖器，壯陽劑)等大量輸出到中國和日本，鹿港就是其中的一個集散港口。第二是因為 1786～88 年間發生了林爽文之亂，由於鹿港居民屬泉州系，非但未支持漳州系的林爽文，還協助朝廷派來增援的清兵上岸。第三，鹿港在 1792 年(乾隆 57 年)當時，人稱「一府，二鹿，三艋舺」(it⁴-hu² , zi⁷-lok⁸ , san¹-baŋ⁷-ka2⁴。注：台灣繁華的港埠，首推府城

台南，次爲鹿港，第三爲淡水河的萬華），有過相當繁榮的時期。第四，因爲是日治時代一代怪傑辜顯榮的出生地。

如今樋口幾乎把焦點都集中在音韻上，他這樣描述：

「台灣省彰化縣鹿港鎮在彰化西邊十公里處，位處鹿港溪進入台灣海峽北岸的平原地帶，是一個人口不到七萬人的小鎮。居民的祖籍幾乎都是福建泉州府，大家都說著所謂『泉州腔』的閩南話。」

接下來，樋口提到鹿港方言的特色：

「衆所皆知，澎湖和台灣使用的閩南話，混合了泉州和漳州兩個系統的腔調，祖籍爲泉州各縣的人口佔總人口數的四成以上，由此看來，應該可以說泉州系閩南話是全台灣最優勢的方言。

其實，從台北盆地的方言也可以觀察得知，這種所謂的『泉州腔』和可以代表泉州方言的通俗韻書《彙音妙悟》裡的典型泉州音系，有些地方差異很大。也就是說，實際上只可以把它看做是呈現泉漳兩系混合形態的一種較接近廈門音系的腔調的俗稱。

鹿港方言在這一點有些不同：比較起來和《彙音妙悟》的音系更一致。鹿港腔在台灣很有名，也經常成爲人們嘲弄的對象。一般認爲，這是由於鹿港方言是台灣閩南話中最完整『保存』泉州方言本來面目的緣故。

筆者以爲，思考台灣閩南話的形成過程時，鹿港方言可以提

供有力的材料。在此報告其音韻體系的概要，並針對鹿港方言在台灣閩南話中的地位，試做初步的探討。」

　　以上我直接引用了「前言」，由此可以瞭解樋口是抱持何種動機和展望來從事鹿港方言研究的。

　　從共時論的觀點研究台語的音韻，台北方言和台南方言這兩大腔調的相關觀察，大體上已有一定的結果，但絕對可以再做更細緻的研究。舉例而言，至今未有人探討台北方言中的大稻埕和萬華的微妙差異，當然我也希望有人對鹿港或宜蘭等具有特殊腔調地方的音韻感到興趣。

　　我在這裡提及的宜蘭，是東海岸北部的都市，18 世紀末，為吳沙(漳浦出身)率領以漳州人為主體的武裝移民集團所開拓，由於蛤仔難(kap^4-a^2-lan^5)是平原的中心，一般認為，這裡的漳州腔是台灣最具特色的。

　　我常想，如果台灣方言地理學能發展起來的話，應該會很精彩。以廣達 36,000 平方公里的台灣來說，只完成了台北和台南兩個都市的調查是不夠的。台北和台南的直線距離相差 300 公里，其間還包括新竹、台中、彰化、嘉義等地，這些地方也都各自發展成獨具淵源的都市。況且，台北的北邊還有基隆，台南以南還有高雄、屏東。西部平原比一般想像要來得寬廣，既有依山的小村，也有傍海的小鎮。往東海岸繞去，有花蓮和台東兩個中心都市。

　　要盡可能去調查這些都市、鄉鎮的音韻系統。台灣的一些主要地方是在何時由誰開墾，地方誌大致上都有記載。調查的結果

若與史實相符的話，肯定會很有趣，若是與史實不符，就需要去探討何以會變成這樣了。

　　另外，就算來不及做音韻體系的調查，試著挑選一些單詞，如「鞋」，「火」，「尿」，「香」，「黃」等，去觀察它們的發音，再著手畫出等語線或等音線，方言地圖的作業也是有趣的工作。

　　在此有必要簡單提一下樋口所引用的《彙音妙悟》(lui⁷-im¹-biau⁷-go⁷)。

　　《彙音妙悟》是黃謙於 1800 年(嘉慶 5 年)，根據泉州方言編纂而成的通俗韻書。要說泉州方言的韻書，也僅只這麼一本而已，因此，一般都以為，《彙音妙悟》反映的音韻體系，是目前所能追溯的泉州方言最古老的音韻體系。

　　有關漳州方言的整理，稍晚有謝秀嵐於 1818 年(嘉慶 23 年)編纂的通俗韻書《十五音》(sip⁸-ŋon²-im¹)。或許受了《彙音妙悟》的影響，兩者都列了 15 聲母和 50 韻母，收錄了大約 15,000 個漢字。儘管它們普及在各自的方言圈，但最後《彙音妙悟》比《十五音》漸形失色，至今已難覓得了。

　　第一個理由在於書名難易之差。《彙音妙悟》意指蒐集眾多的音(字)後，使其輕易學習。這終究比不上《十五音》的平易近人。而且《彙音妙悟》在內容上過於繁冗，記述亦顯雜亂，實在無法與條理分明的《十五音》相提並論。此外，漳州方言的勢力凌駕了泉州方言也是原因之一。一則漳州在經濟方面的實力較泉州強大，二則在語言層次上，泉州方言因具備兩種中舌母音的關係，音韻系統複雜難學等等，都是造成漳州方言佔優勢的原因。樋口指稱，鹿港方言腔「屢屢成為嘲笑的對象」，其實具體地說，是一種

「沈重感」的印象，套句時下話，大概就是我們所說的「L.K.K.」的感覺吧？

做為韻書，其優劣也都直接反映在研究上，關於《十五音》，可見以下諸論文：

〈十五音與漳泉讀書音〉

　　　薛澄清　1929 年　《中山大學語言歷史研究所週刊》8
　　　集 85-86-87 期合刊

〈閩南方言與十五音〉

　　　葉國慶　同上

〈廈門音與十五音的比較〉

　　　羅常培　1930 年　《廈門音系》pp.50〜54

〈十五音について〉(關於十五音)

　　　王育德　1968 年　《第 13 回國際東方學者會議紀要》
　　　所收

相對地，《彙音妙悟》由於鮮少聽聞，無從得知相關的研究發表。或許是有感於我的這番感嘆，台灣某學者惠賜了我這本裝幀幾乎要斷線散落的《彙音妙悟》。我立刻以此為基礎，在《明治大學人文科學研究所紀要》第八、九合併號(1970 年)，發表了〈泉州方言的音韻體系〉。在閱讀了樋口論文的注釋之後，得知他是以此做為研究藍本，感到十分高興。

至於鹿港方言的音韻體系，具體上如何？想請諸位參考末尾的韻母標記比較表，在此則嘗試指出鹿港方言和《彙音妙悟》的主要不同點。在聲母方面，相對於《彙音妙悟》，鹿港方言有下面

15 種：

柳	邊	求	氣	地	普	他	曾	入	時	英	文	語	出	喜
l	p	k	k‘	t	p‘	t‘	c	z	s	’	b	g	c‘	h

鹿港方言無 z (合併於 l)，少了一個聲母。如前所述，〔dz，dℤ〕是中古音日母的字，把它讀爲 l，是泉州腔的一大特徵，這在現今已是普遍的常識。《彙音妙悟》保留了 z，除了顯示出韻書的保守性之外，也可以想像 z→l 是屬於比較新的變化。

　　在韻母方面，相對於《彙音妙悟》的 50 種，鹿港方言則有 46 種，少了 ən，əŋ，uaŋ 這 3 種及「管韻　漳腔　有音無字」(因爲是漳州腔)。

　　在聲調方面，相對於《彙音妙悟》，不管是陰調、陽調，都具備平上去入共有 8 個聲調，鹿港方言則在上聲不分陰陽，屬於漳州、廈門型。

　　除本篇之外，樋口在台灣話的音韻研究方面還發表了以下多篇論文。

　　〈台湾語の音節構造について〉(關於台灣話的音節構造)

　　　1978 年　《筑波大学言語文化論集》第 3 期

　　〈台湾語の声調体系〉(台灣話的聲調系統)

　　　1978 年　同上第 4 期

　　〈声母韻母概念の有効性—現代中国語の音節分析をめぐって〉(聲母韻母概念的有效性—綜觀現代中國話的音節分析)

　　　1979 年　同上第 6 期

〈台灣境內閩南方言的語音特點〉(中文)

　　1981 年　同上第 10 期

〈閩南語泉州方言音系についての覚え書〉(閩南話泉州方言音系相關備忘錄)

　　1983 年　同上第 15 期

7.中國方面的研究

(7)《台灣閩南方言記略》

　　福建人民出版社出版　1983 年 7 月　張振興著

　　本書為居住在中國的台籍研究者,利用較晚到中國的兩名台灣人做為資料提供者,針對台語的音韻、詞彙、語法做觀察調查記錄而成。

　　台灣或中國出版的書都有一個共通的缺點——很多都沒有著作者的簡歷介紹。本書也不例外,無從得知作者出身何處,學歷為何?語言方面的論文著述不同於文學書或政治評論,將作者的年齡或語言經歷以及學習過程做清楚的交代,才是合宜的做法。因為沒有簡歷介紹,很不方便。在提供資料者的選擇上,一位是台北市出身,操台北式泉州腔,另一位是台南出身,操台南式漳州腔,但光這樣是不夠的。「台灣閩南方言」只是個權宜的標題,實際上已經聲明是以泉州腔為主、漳州腔為輔的兩種腔調的記錄(「導論二　調查簡況和音標符號」)。換言之,其實本書還是沒有走出描述台北方言這樣一個普通的研究範圍。作者僅靠附帶性地論及台南方言,希望引出新意。關於這一點,本書整體是如此,這表

台灣省漢語閩南方言、客家方言和高山族語分布示意圖

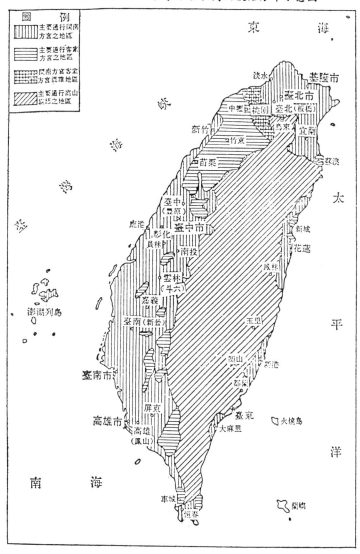

示現階段中國的台灣話研究的水準。

本書值得重視的是，在卷首揭示「台灣省漢語閩南方言、客家方言和高山族語分布示意圖」。雖說是頗爲籠統的方言地圖，但據我所知，這是除《日台大辭典》(前出)卷首印刷的彩色「台灣語言分布圖」之外，唯一的台灣方言地圖了，因此可說是寶貴的資料。「台灣省漢語……」一圖恐怕就是從「台灣語言分布圖」得到啓發的。將二者互相比較，可以發現「台灣省漢語……」的記載比較細緻。

根據張振興的描述，北部的台北、基隆、淡水一帶以及中部的鹿港，南部從高雄到恒春的沿海地區屬於泉州腔。中部的嘉義、南投一帶和東北的宜蘭、蘇澳一帶爲漳州腔。而台南和台中以及東海岸的花蓮一帶，是泉州腔和漳州腔混雜的地帶，以泉州腔較佔優勢。

附帶一提，客家話是在北部以苗栗和中壢爲中心的丘陵地帶，和南部的下淡水溪流域的部分區域，這符合一般的常識。

張氏尤需讀者注意：台灣閩南方言的泉州腔和漳州腔確實源自福建方言的泉州音和漳州音，但和原本的泉州音和漳州音則有明顯的差異；而且泉州腔和漳州腔之間的差異日趨微細，已經不易分辨。

(8)《普通話閩南方言詞典》

三聯書店香港分店·福建人民出版社聯合出版　1982 年
10 月　廈門大學中國語言研究所漢語方言研究室主編

　　本書為 B5 版，是一部多達 1,356 頁的大型辭典。採用的是一般辭典的體例，先揭示母文字，再以母文字做為詞素引舉詞彙，但在記述方法上頗費苦心。首先列出北京話的發音和用例，再加注方言的發音，遇有特殊意義和用法時，則補充說明。就這樣收錄了北京話 5 萬餘條、閩南話(含不同腔調)7 萬餘條。編纂目的在：「幫助解決人們學習與推廣普通話，以及從事文化、教育、宣傳工作和日常交際時遇到的語言問題。同時，對於漢語方言的研究工作，也可以提供一定的資料和方便。」(「前言」)我想不會有太多人利用它來學習或推廣北京話，我之所以這樣說，正因為這反映出中國研究方言時面臨的政治束縛和不自由。

　　本書的特色之一，在於以獨自創造的「閩南方言拼音方案」做為閩南語(廈門方言)的標音方式。這一點請參照末尾的音韻標記比較表就可把握其系統的概要。總之，在韻母方面訂立以下 15 韻部的整理方式，首開閩南語研究風氣之先，饒富趣味(韻部的讀法為王所加)。

　　　1. 飛機韻(hui^1-ki^1-un^7)

　　　　i, ih, ni, nih, ui, uih, mui。

　　　2.宇宙韻(u^2-tiu^7-un^7)

　　　　u, uh, iu, iuh, niu。

　　　3.歌聲韻(kua^1-sian^1-un^7)

　　　　a, ah, na, nah, ia, iah, nia, niah, ua, uah, nua。

　　　4.互助韻(ho^7-co^7-un^7)

　　　　oo, noo, nooh。

5.保惜韻(pə²-siəh⁴-un⁷)

o, oh, io, ioh。

6.茶花韻(te⁵-hue¹-un⁷)

e, eh, ne, neh, ue, ueh, nueh。

7.淮海韻(huai⁵-hai²-un⁷)

ai, nai, uai, nuai。

8.照耀韻(ciau³-iau⁷-un⁷)

ao, aoh, nao, naoh, iao, iaoh, niao, niaoh。

9.森林韻(sim¹-lim⁵-un⁷)

m, mh, im, ip。

10.甘藍韻(kam¹-lam⁵-un⁷)

am, ap, iam, iap。

11.新春韻(sin¹-c'un¹-un⁷)

in, it, un, ut。

12.延安韻(ian⁵-an¹-un⁷)

an, at, ian, iat, uan, uat。

13.灯光韻(tiŋ¹-kŋ¹-un⁷)

ng, ngh, ing, ik。

14.江東韻(kaŋ¹-taŋ¹-un⁷)

ang, ak, iang, iak。

15.昂揚韻(goŋ⁵-ioŋ⁵-un⁷)

ong, ok, iong, iok。

《中原音韻》(周德清撰，1321 年)在 19 韻部的每個韻部配以 2

個字做為目次的方式，如「一東鍾」、「二江陽」、「三支思」、「四齊微」、「五魚模」……。《韻略易通》(蘭茂，1442 年)等也都沿用這種手法，本書大概也有意摹仿這種方式。

nui，niu，na，nia……這類以 n- 開始的韻母做為〔ũi，iũ，ã，iã……〕等鼻化韻母的標記，〔ɔ〕用 oo，〔o〕用 o 加以區分。在所有標記法都感到頭痛的這兩個項目上，「閩南方言拼音方案」確實費了一番苦心，但恐怕不能就此認為這樣的處理方法是合理的。

「閩南方言拼音方案」這個名稱聽起來頗具架勢，但充其量不過是因應這本書才構思出來的一組標記法罷了。不過，由此可以充分感受到作者堅持始於 1930 年代的瞿秋白、倪海曙、周有光等人的拉丁化新文字運動的傳統。

在全中國極力推動「普通話」的今天，拉丁化新文字運動雖已不受青睞，但它在三〇年代中期至五〇年代初期的這段期間，羅馬字運動曾極風光一時。當時中央政權軟弱無能，地方得以保留些許的自主性，基於這般社會情勢的反映，各大方言區紛紛打出羅馬字方案，並出版教科書和讀物，實地試行。這些人互通訊息，決定以北京話為基準，盡量將聲母和韻母的標記予以統一。對於方言獨特的音韻標記，他們認為雖可使用「閒置不用」的羅馬字母做補助記號，但必須加以限定。

像廈門方言裡，〔b〕要用 bh 還是用 bb 標記？〔ɔ〕：〔o〕的區別要以 or:o 抑或 o:eu 標記？鼻化韻母要用 n-(在拼字之前)還是用 -n(在拼字之後並加上底線)標示？凡此，在當時都被提出來討論。

依據倪海曙《中國語文的新生—拉丁化中國字運動二十年論文集》(時代書報出版社，1949 年)中的「附錄二　拉丁化中國字出版物調查 1935～1948」所述，可知當時除了其它方言區的出版物外，還有下列：

《廈門話新文字入門》 (上海廈門話拉丁化研究會編　1936 年 8 月)

《文盲用廈門話新文字課本》 (閩南新文字協會編　1936 年 8 月)

《咱們的話》 (廈門閩南新文字協會編　1936 年 8 月創刊)

《語文週刊》 (閩南新文字協會編　廈門《星華日報》副刊　1937 年 4 月創刊)

本書的責任編輯之一，廈門大學教授黃典誠的名字早已出現在拉丁化新文字運動的名單，不令人意外。

依《廈門音系》「Ⅰ 叙論」所述，在比拉丁化新文字運動更早之前的 1920 年左右，已經有周辨明及邵慶元等人成立了廈語社。廈語社的宗旨：「以語音學爲基礎，制定廈門話羅馬字，將之使用於廈門語區域內，用以振興文化運動，在普及教育，提昇民智上做出貢獻。」如果仰賴軟弱無力的中央政府，地方的發展不知要等到何時？在此可以感受到這樣的焦急感。他們推出的羅馬字似乎是教會羅馬字的改良版。廈語社除了《廈語入門》(Hagu Jippbunn)和《衛生講話》(Oel-seng Kangr-hoal)以及《廈語短篇小說》(Hagu Ter-Phiⁿ e Siaursoat)之外，據說還出版了《指南針》(Tsi-lamtsiam)這本定期刊物。

除了教會羅馬字之外，閩南有這種致力於創造自己的標記法的古老傳統，像這次辭典的編輯，以及「閩南方言拼音方案」的設計和嘗試，都令人感受到執著的信念。

　　本書另一個特色，即致力於詞源的探究，而且頗具成效。譬如：

p'a⁷	「疱」	水泡
la⁷	「撓」	攪動
k'a³	「擊」	敲打硬物
bai²	「穤」	醜陋
t'au²	「敊」	解開
gau⁵	「勢」	厲害，優秀
ke⁵	「椻」	累贅
he¹	「遐」	那個
lap⁴	「凹」	凹陷
sam²	「糝」	撒粉類的東西
laŋ³	「窬」	空出空間
saŋ²	「攃」	擺架子
c'ŋ²	「吮」	吸吮
li³	「攞」	撕
biʔ⁴	「覕」	躲
c'iʔ⁸	「蹴」	按壓
k'iu²	「摎」	拉扯
k'iu⁵	「虯」	捲縮
……		

這只是其中一部分(當然不能說全是正確的)。儘管如此，還是有很

多單詞的詞源依然不詳，而以俗字替代。或許期待所有的詞源都能探究明白，原本就是一種奢望吧！

我一直堅持閩南話的辭典必須致力於標寫本字。因為想要知道本字，可說是該方言所有使用者的願望，因此，辭典的編纂者有義務要在條件許可之下，盡所能去滿足大家的期望。

在此，容我介紹一本辭典。

《中國閩南語英語字典》（*Amoy-English Dictionary*）

The Maryknoll language Service Center　1976 年

馬利諾語言服務中心是一個由西方傳教士和研究者教講台灣話的傳教設施。宣傳活動辦得很熱鬧，也出版一些台灣話的研究書籍和基督教教義書。這本辭典可以說是馬利諾中心的出版物當中最大型的。收錄的不僅有單詞，還包含慣用語和成語等特殊表達方式，共約 35,000 條。編輯陣容有：高積煥、陳邦鎮、陳俊士、黃智恒、何易奇、吳高松、陳良雄等台灣人(略歷不詳)，花費了二十年的時間才完成。

它不拘泥於漢字，採取套用北京話的標寫方針，是這本辭典的特色。譬如：

hō·　　給　give

　　Chit pún chheh hō· lí.

　　這本書給你。I'll give you this book.

hō·　　讓　let；allow

　　M̄ thang hō· i jíp–lâi.

　　不要讓他進來。Don't let him come in.

hō·　被　used to express the passive voice

　　　Góa hō· i pháh.

　　　我被他打。I was struck by him.

…………

iau(R. gō)　餓　hungry；hunger

　　　iau kah boeh sí khì.　　餓得要命。be very hungry.

　　西方人不重探求漢字的本字。他們認爲，不如去教導人們相當於北京話的何種表現方式更來得有實際幫助。這也無可厚非，只是對於台灣人，或更廣泛地對閩南人而言，這和他們對《十五音》以來的閩南語辭典所抱持的認知和期望，未免差距太大。

　　接著，我們來看看《普通話閩南方言詞典》使用何種漢字？首先得知道它是相當於北京話的什麼單詞。例如，表示「給予」或「使、讓」的意思，相當於北京話的「給」，再翻開「給」的頁數，就會標寫著「互」，還有其用例。用「互」來標寫 ho⁷，是我很早以前就考慮過的。在音韻方面不會構成問題，但詞義上有些欠妥。這次看到《普通話閩南方言詞典》採用了「互」之後，我覺得較具信心了。「飢餓」在北京話裡寫做「餓」，翻查「餓」，就會標寫著「枵」字。這不管在音韻或詞義上都沒有問題。另外，在《中國閩南語英語字典》裡，把 gō 當做「餓」的文言音(the character reading)，把 iau 當做白話音(the colloquial reading)，是錯誤的，「餓」讀做 iau，是訓讀的讀法。

〔注釋〕

❶根據吳守禮撰《近五十年來台語研究之總成績》所述，1930 年(昭和 5 年)，台南州農會編纂的《勸業用台灣語實習資料》(210 頁)應是以台南方言爲基準的。這冊寧是例外。

❷「歌仔冊」的研究很少。我在《台灣語講座》裡面所提到的部分，恐怕是唯一的了。

❸收錄於 1944 年(昭和 19 年)11 月發行的《民俗台灣》11 期。請參閱柯設偕〈基督敎宣敎師と台湾ローマ字〉(基督敎傳敎士與台灣羅馬字)。

❹《台灣府城敎會報》由湯馬士‧巴克禮於 1885 年 6 月 12 日創刊，1942 年 3 月至 1945 年 11 月，除了在二次大戰期間不得已暫時停刊之外，一直出版到 1969 年。1970 年以後改爲使用北京話的《台灣敎會公報》，直到現在。

在此列舉 2、3 本西方傳敎士編纂的主要辭典：

《*Chinese-English Dictionary of the Vernacular or Spoken Language of Amoy*》 Carstairs Douglas 1873 年成書，1899 年出版

《*English and Chinese Dictionary of the Amoy Dialect*》J. Macgowan 1905

《*A Dictionary of the Amoy Vernacular*》W. Campbell 1913

❺取自方師鐸著《五十年來中國國語運動史》(國語日報社，1965 年 3 月出版)「第二節　台灣省國語推行委員會的設置」。

❻前揭書 p.130。

❼前揭書 pp.133～135。

❽前揭書 pp.135～138。

❾《中華日報》爲國民黨中央宣傳部在台灣最早接收經營的日報，創刊於 1946 年 2 月。日文欄還專程從台北請來著名的台籍作家龍瑛宗擔任主編。葉石濤在《文學界》第 9 期(1984 年春季號)發表了〈光復初期台灣的日文文學〉，對《中華日報》的「日文欄」做了總結。我也因此想起自己曾經寫過的文章，有〈文学革命と五四運動〉(文學革命和五四運動)、〈春の戲れ〉(小說，春戲)、〈封建文化の打破—台湾青年進むべき道〉(打破封建文化—台灣青年要走的大道)、〈孔教再認識　上下〉(再認識孔

教）、〈彷徨へる台湾文学〉(徬徨的台灣文學)、〈內省と前進の爲に―台湾人の三大缺點」(爲了反省和前進―台灣人的三大缺點)這六篇。

❿我手邊有以下 4 種：

《國台通用語彙》 1952 年 6 月

《台灣方音符號》 1952 年 8 月　橋樑叢書第 2 種，著者：朱兆祥

《台語對照國語會話課本》 1955 年 1 月　橋樑叢書第 5 種，編譯者：朱兆祥

《國音基本敎材　上下》 1957 年 7 月　橋樑叢書第 4 種，著者：朱兆祥

⓫見《人文科學論叢》第 1 輯(台灣光復文化財團發行，1949 年 2 月)所收「福建語研究導論―民族與語言」，同書 p.158。

⓬見《廈門方言的音韻》「一　引說」。

⓭同時也收錄於道格拉斯的字典裡。在補編的序中提到：「這半世紀以來，增加很多新事物，故予以增補。關於這部分，可能提出漢字比較好。」漢字數量爲 3,672 字。

⓮參閱《台灣靑年》創刊號(台湾靑年社，1960 年 4 月 10 日發行)」，「台湾語講座第 1 回　台湾語の系統」。

台南方言的音韻體系

1.聲母

將音素與音位整理成表如下：

方法＼部位			唇　音	舌　尖　音	舌　面　音	舌　根　音	喉　音
塞音	無聲	無氣	p〔p〕褒	t〔t〕多		k〔k〕哥	＇〔ʔ〕窩
		有氣	p＇〔p＇〕波	t＇〔t＇〕拖		k＇〔k＇〕科	
	有聲	無氣	b〔b〕帽			g〔g〕鵝	
塞擦音	無聲	無氣		c〔ts〕糟	c〔tɕ〕之		
		有氣		c＇〔ts＇〕操	c〔tɕ＇〕痴		
	有聲	無氣		(z〔dz〕如)	(z〔dʑ〕兒)		
鼻音	有聲		m〔m〕磨	n〔n〕挪		ŋ〔ŋ〕俄	
側面音	有聲			l〔l〕羅			
摩擦音	無聲			s〔s〕梭	s〔ɕ〕詩		h〔h〕何

　　舌面音〔tɕ〕〔tɕʻ〕〔dʑ〕〔ɕ〕出現在〔i〕韻母之前，與舌尖音〔ts〕〔tsʻ〕〔dz〕〔s〕出現在非〔i〕韻母之前，形成互補分佈。〔tɕ〕組很明顯為〔ts〕組顎化的結果。因此只需要 c、cʻ、z、s 的 1 組音素即可。這一點是中國人天生就能掌握到的。

　　濁音〔b〕〔l〕〔g〕和鼻音〔m〕〔n〕〔ŋ〕這 2 組實際上也呈互補分佈。〔m〕組出現在鼻化韻母(-ɴ)之前，〔b〕組則出現在非鼻化韻母之前。此可以解釋為：〔m〕組因為鼻化韻母的影響，才替代了〔b〕組。〔b〕組的爆發程度不是很強，不注意聽，幾乎分不出它和〔m〕組的差別，也因此很容易受到鼻化韻母的影響。

　　正因為這個緣故，在音位方面，只需訂立 b 組 1 組就夠了。《十五音》已採用這樣的解釋方式。《普通話閩南方言詞典》也一樣。但不管從通時論的觀點或共時論的角度來看，必須同時設定 b 組和 m 組 2 組才較容易說明現象。關於這點的理由，《記台灣的一種閩南話》有詳細的敘述，請讀者參閱，在此我試圖採用的是「b 組只能出現在非鼻化韻母之前，m 組只可以與鼻化韻母結合」這個處理方式。

　　〔l〕是個有爭議的音韻。董同龢一貫都說「阻塞成分比一般的邊音多，時而接近塞音」；《普通話閩南方言詞典》則指出：「是阻塞成分較弱的〔d〕」，樋口靖也標記為〔d〕，還附加說明：「實際上自側面流出少量的氣之故，可視為〔l〕。」

　　但實際上，操這個方言的人都為了不太會發〔d〕的音而相當吃力。儘管如上所述，雖不算完整，但只要有〔d〕音的話，一旦要他們發真正的〔d〕音，應該不是難事。我個人比較贊同在《廈門音系》裡羅常培所做的觀察結果：「有聲的邊音。但舌頭不緊繃，

不太需要用力。」

　　我自己內省發〔l〕音時，舌面呈弛緩狀態，舌尖稍稍捲起，只輕輕地觸及上齒齦。所以當我在發日語的〔do〕和北京話的〔l〕時，每次都有緊繃的感覺，發日語〔do〕的時候，會讓舌頭前端緊繃，和上齒齦形成緊閉。發北京話的〔l〕，舌尖緊繃，然後和齒內側乃至硬顎形成阻塞，需要刻意的努力。這樣看來，台灣人的〔l〕應是介於〔d〕和〔l〕的中間音，只是較接近〔l〕的音吧？不過，在和中古音或其它音系做比較研究時，用〔l〕往往較為方便，因此不解釋為／d／。

　　在台南，z音有人有，有人沒有。同一個人也會時而發z，時而不發z。泉州腔並無此音，都發成〔l〕。〔dz〕〔dʒ〕之所以會和〔l〕合流為一，如前所述，當然與〔l〕的音質有關。〔l〕具有邊音的性質，邊音則和塞擦音在發音方法上有相近之處。另外，〔l〕所具備的另一個塞音的性質，則和〔dz〕〔dʒ〕有相通之處。〔z〕不出現在「開口呼」。

　　2為聲門的緊縮(glottalization)，出現在所謂的以母音開始的音節前。中國傳統都以「零聲母」看待，但正因為有聲門緊縮的關係，才會形成 clear beginning(明晰的發聲)，這一點不能忽視。

　　另一方面，很久以前就有人提到下述的同化作用的報告。❶

$$\begin{cases} sam^1\text{-}a^2 & \longrightarrow & sam^2\text{-}man^2 & 「木材」 \\ gin^2\text{-}a^2 & \longrightarrow & gin^2\text{-}nan^2 & 「小孩子」 \\ t'aŋ^1\text{-}a^2 & \longrightarrow & t'aŋ^1\text{-}ŋan^2 & 「窗戶」 \end{cases}$$

$$\left\{\begin{array}{l} \text{hap}^8\text{-e}^0 \longrightarrow \text{hap}^8\text{-be}^0 \qquad \text{「夾的」} \\ \text{hit}^4 \text{ e}^5 \longrightarrow \text{hit}^4 \text{ le}^5 \qquad \text{「那一個」} \\ \text{lak}^8 \text{ e}^5 \longrightarrow \text{lak}^8 \text{ ge}^5 \qquad \text{「6 個」} \end{array}\right.$$

a² 通常都標寫做「仔」，是表示「小」的詞綴。e⁵ (ㄝ)是表示「個」之意的量詞。e⁰ (ㄝ)是確認的語氣詞。這些都是附屬形式 (bound form)，或層次更低，所以不會以2開頭，也因此才容易產生同化現象。樋口則認爲，因爲緊喉度微弱的關係，「一旦被放在連續音節的中間，很多會被別的替代音取代」，但我認爲，這應該是有條件的。

另外在拼字上，爲免煩雜，不做標記。

2. 韻母

韻母的體系如下：

陰　韻(16)

	a 阿	ai 哀	au 歐	e 挨	o 烏	ə 窩
i 衣	iu 憂	ia 野		iau 夭		iə 腰
u 于	ui 爲	ua 蛙	uai 歪		ue 花	

陰韻入聲(13)

	a2 押		au2 啄	e2 噦	o2 □	ə2 學
i2 滴	iu2 □	ia2 壁		iau2 □		iə2 約
u2 哼	ua2 活			ue2 挖		

陽　韻(14)

　　　　am暗　om□　　　　an 安　aŋ江　oŋ翁

音im　iam厭　　　　　in因 ian煙　iaŋ香 ioŋ央 iŋ英

　　　　　　　　　un溫 uan彎

陽韻入聲(13)

　　　　ap盒　　　　　　at遏　ak沃　ok惡

邑ip　iap葉　　　　　it一 iat謁 iak劇 iok約 ik益

　　　　　　　　　ut熨 uat越

鼻化韻母(12)

　　　a$_N$餡　ai$_N$宰　au$_N$腦　e$_N$嬰　　o$_N$火

i$_N$圓　ia$_N$營　　　　iau$_N$鳥　　　　io$_N$薦

　uia$_N$鞍 uai$_N$關　　　　ue$_N$每

鼻化韻母入聲(8)

　　a$_N$2□　　　au$_N$2□ e$_N$2挾　o$_N$2膜

i$_N$2物　ia$_N$2嚇　　　iau$_N$2□

　　　　uai$_N$2□

聲化韻(2)

　　　m姆　　　ŋ央

聲化韻入聲(2)

　　　m2□　　ŋ2□

　　上表為音韻標記，至於實際的發音，則將音韻標記當做發音標記也大致符合(請另參考末尾的音韻標記比較表)。

　　單母音有 6 種，構成右圖的體系。在閩南話裡，6 種是最少的。

　　o 和 ə 的關係。在我的觀察中，台南是〔o˥〕對〔ɤ˥〕。董同龢的觀察則是「二者皆為圓唇後舌母音，寬的一邊大致是〔ɔ〕，窄的是〔o〕。但嚴格地說，無論舌頭高度或圓唇的程度都不及〔o〕，因人而異，有的人甚至是發中舌音」。也就是說，是傾向於台南式的。

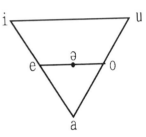

台南方言的母音三角形

　　自古即有〔ɔ〕：〔o〕的對立。和此相對應的，展唇前舌母音亦有〔ɛ〕和〔e〕的對立。《十五音》便是這樣的體系(參照右圖)。

　　「沽」(ɔ)：「高」(o)

　　＝「嘉」(ɛ)：「稽」(e)

　　〔ɛ〕：〔e〕的對立，在漳州以外的其他方言已經消失了。其結果當然也影響到圓唇後舌母音。維持半寬和半窄的對立愈來愈不具意義，事實上也變得不易維持。像台北的〔o〕有變成中舌音的傾向便是一例。一旦半窄的一方變成了中

十五音的母音三角形

舌母音，圓唇後舌母音就會只剩下一個，如此一來，在寬窄上就會容許相當程度的伸縮。另一方面，與《彙音妙悟》在這方面較一

致的鹿港方言，其母音體系和《十五音》相較之下，展唇前舌母音
只有一種，然而卻有兩種中舌母音(參照右圖)。

om, eN, m, ŋ, iə, iaŋ, iN, ioN, uaiN
這 9 種韻母完全是白話音的韻母。不僅
如此，連鼻化韻母(-N)和聲門塞音結尾
的入聲(-ʔ)，也幾乎都只出現在白話音。
這些使得韻母體系呈現複雜的狀態。

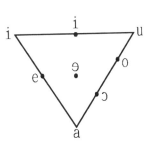

彙音妙悟的母音三角形

董同龢爲了要將韻母體系單純化，
以台北方言爲對象，針對鼻化韻母和-ʔ
入聲逐條挑出加以檢討(《記台灣的一種閩
南話》「本篇音類與前人所訂廈門語音類的比

較」pp.146～157)。有些切中要點，有些則不然。我個人認爲，即
使去找一些理由，然後減去了幾個音韻，也無法抹消鼻化韻母和
-ʔ入聲的存在。因此，不需勉強比較。

ioN 爲宕攝開口三等陽韻的字，是「娘」、「兩」、「槍」、
「箱」、「張」、「章」、「賞」、「上」、「尙」、「讓」、「姜」、「薑」、
「香」、「羊」、「洋」……這些白話音的韻母，在漳州腔裡是最具特
徵的一個，亦出現在台南方言裡。不過，從台灣整體來看，還是
居劣勢。因此，《現代閩南語辭典》雖然以台南方言爲基準，但唯
獨這個韻母「只存在於台南方言，其他地區皆發爲 iuⁿ〔iũ〕，爲實
用起見，統一爲 iuⁿ」。

鄭良偉的著作也根據相同的理由，採取同樣的做法。如此一
來，只有《台灣語常用語彙》堅持用 ioN，反倒是物以稀爲貴。

3.聲調

有 7 聲。利用示波器測量的結果，呈現下面的狀態：

1 聲	2	3	4	5		7	8
┑44	↓52	↓32	┥3	↑35		┥33	┑4
上平	上上	上去	上入	下平	下上	下去	下入
陰平	上	陰去	陰入	陽平		陽去	陽入

很多人都認為有 8 聲，但這缺乏科學根據。示波器所測知的結果告訴我們，2 聲和 6 聲是完全一樣的。《十五音》亦載明「下上　全韻與上上同」，做了交代。

我在書學(su¹–a²⁸)跟隨老師學習聲調的訣竅時，老師總畫一個正方形，依序從左下角 → 左上角 → 右上角 → 右下角，吟誦著「東」toŋ¹ →「黨」toŋ² →「擋」toŋ³ →「督」tok⁴，然後，再沿著外圈從頭開始再繞一圈，依序是「同」toŋ⁵ →「黨」toŋ⁶ →「洞」toŋ⁷ →「獨」tok⁸。接著老師告訴我們，因為第 2 圈的「黨」和第

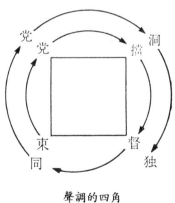

聲調的四角

1 圈的「黨」聲調一樣，所以全部加起來是 7 聲。我將 1 聲到 4 聲

订为阴调，5 声到 8 声做为阳调，便是从这里得到启示的。周辨明❷也使用这个方法。刻意拿掉 6 声，可以暗示无阳上，并具有使阴阳调的对立明确化等等优点。此外，闽南沿袭了《十五音》的传统，不使用阴调、阳调的名称，称做：

上平	sioŋ⁷-piaɴ⁵	下平	ha⁷-piaɴ⁵
上上	sioŋ⁷-sioŋ⁷	下上	ha⁷-sioŋ⁷
上去	sioŋ⁷-kʻi³	下去	ha⁷-kʻi³
上入	sioŋ⁷-jip⁸	下入	ha⁷-jip⁸

在漢語方言中，7種聲調是僅次於廣東話的次多者。但無論聲調如何多，終歸還是在8度音階內操作罷了，一點也不困難。就因爲僅僅以一個8度音階爲範圍，組合方式也大致固定。首先將發音最輕鬆的中平做爲中心，再分高平、低平調，然後給這二者分派短促的入聲，最後再各加入一個上昇調、一個下降調，就成了7聲調。

輕聲在語法上扮演重要的角色，不可忽視。依我的觀察，其高度介於3聲(陰去)和4聲(陰入)之間，長度雖短，但不到短促的程度。

〔注釋〕

❶例如岩崎敬太郎《日台言語集》一書(1913年)對「音便」有較詳細的論述。
❷The Phonetic Structure And Tone Behaviour In Hagu (T'oung Pao 28卷，1931年)

4.音節表

	開			口	開		口	開			口	開		口
韻	a			a?	a		a?	ai			(ai?)	ai		(ai?)
聲＼調	陰平	上	陰去	陰入	陽平	陽去	陽入	陰平	上	陰去	陰入	陽平	陽去	陽入
p	巴	把	覇	百	琶	罷			擺	拜		排	敗	
pʻ	抛		帕	拍		疱				派				
b				□1	痲	□2		□14	□15			眉	□16	
m	／	／	／	／	／	／	／	／	／	／		／	／	／
t	□3		罩	答	□4		踏	獃	歹	帶		台	大	
tʻ	他		詫	塔				胎	体	太		□17	待	
l	□5				□6	□7	臘					來	利	
n	／	／	／	／	／	／	／	／	／	／		／	／	／
c	查	早	詐	□8		乍	□9	災	宰	再		才	在	
cʻ	叉	吵	鈔	插	茶			猜	採	菜		柴		
z	／	／	／	／	／	／	／	／	／	／		／	／	／
s	沙	洒	嗄				煤	西	屎	賽			似	
k	加	賈	架	甲	茄	咬	□10	皆	改	介				
kʻ	跤		巧	□11				開	凱	概				
g					牙	迓						崖	礙	
ŋ	／	／	／	／	／	／	／	／	／	／		／	／	／
h	□12		孝	□13	蝦	下	合	咍	海			孩	害	
ʔ	鴉	啞	亞	押			匣	哀	矮	愛				

声	開				口			開				口		
	au			auʔ	au		auʔ	e			eʔ	e		eʔ
	陰平	上	陰去	陰入	陽平	陽去	陽入	陰平	上	陰去	陰入	陽平	陽去	陽入
p	包	飽		暴	鮑			凹	把	敝	伯	琵	陛	白
p'	抛	跑	炮	□[18]		抱	雹			帕			稗	
b		卯			□[19]	□[20]			馬			迷	賣	麥
m	/	/	/	/	/	/	/	/	/	/	/	/	/	/
t	兜	斗	罩	啄	投	豆	□[21]	低	底	帝	□[25]	蹄	弟	
t'	偷	敨	透		頭	□[22]		梯	体	替	□[26]	提		宅
l		撓	落		流	老	漏		礼		□[27]	梨	例	笠
n	/	/	/	/	/	/	/	/	/	/	/	/	/	/
c	糟	走	灶		巢	□[23]		劑	擠	制	節	齊	寨	截
c'	鈔	吵	湊					妻	泚	切	冊	□[28]	坐	
z	/	/	/	/	/	/	/	/	/	/	/	/	/	/
s	梢		掃					西	洗	世	雪	垂	誓	□[29]
k	交	狡	教	餃	猴	厚	□[24]	稽	假	計	格	椺	下	逆
k'	敲	□	叩					溪	啓	契	客	□[30]		
g					勢					詣		倪	毅	
ŋ	/	/	/	/	/	/	/	/	/	/	/	/	/	/
h	嚣	吼	孝		侯	效		退[31]				奚	系	
'	歐	嘔	懊		喉	後		挨	啞	繪	噎	鞋	廈	狹

声＼韻調	開口 o 陰平	o 上	o 陰去	口 oʔ 陰入	開 o 陽平	o 陽去	口 oʔ 陽入	開 ə 陰平	ə 上	ə 陰去	口 əʔ 陰入	開 ə 陽平	ə 陽去	口 əʔ 陽入
p	夫	補	布		葡	步		褒	保	報	上	婆	暴	薄
pʻ	鋪	普	舖		扶	簿		波		破	柏	葡	抱	
b		某			模	暮				母		毛	帽	莫
m	/	/	/	/	/	/	/	/	/	/	/	/	/	/
t	都	斗	妬		徒	杜		多	島	到	桌	逃	道	燈
tʻ	偷	土	兔		頭			拖	討	套	魠	桃		踱
l		努			奴	路		撈	老	躼		勞	糯	落
n	/	/	/	/	/	/	/	/	/	/	/	/	/	/
c	租	祖	湊			助		糟	左	佐	作	曹	座	射
cʻ	初	楚	措					操	草	挫	□[33]			
z	/	/	/	/	/	/	/	/	/	/	/	/	/	/
s	蘇	所	素					騷	鎖	掃	索	□[34]		
k	姑	古	故		糊			哥	果	告	各	□[35]	□[36]	
kʻ	箍	苦	庫		怙			科	可	課		□[37]		
g					吳	五						鵝	餓	
ŋ	/	/	/	/	/	/	/	/	/	/	/	/	/	/
h	呼	虎	戽		侯	戶		蒿	好	耗	熇	何	号	鶴
,	烏	毆	惡		胡	芋	□[32]	窩	襖	澳		蠔		學

韻調＼声	開				口			開				口		
	am			ap	am		ap	om			(op)	om		(op)
声	陰平	上	陰去	陰入	陽平	陽去	陽入	陰平	上	陰去	陰入	陽平	陽去	陽入
p	/	/	/	/	/	/	/	/	/	/	/	/	/	/
p'	/	/	/	/	/	/	/	/	/	/	/	/	/	/
b	/	/	/	/	/	/	/	/	/	/	/	/	/	/
m	/	/	/	/	/	/	/	/	/	/	/	/	/	/
t	耽	胆	担	答	談	淡	踏	□42						
t'	貪	毯	探	塌	潭			□43						
l	檻	覽	□38	回	南	濫	納							
n	/	/	/	/	/	/	/	/	/	/	/	/	/	/
c	簪	斬	蘸		饞	賺	雜							
c'	參	慘	懺	插	盃									
z	/	/	/	/	/	/	/	/	/	/	/	/	/	/
s	三	糝	鬖	颯			□39							
k	甘	敢	鑑	甲	銜									
k'	坩	坎	勘	恰			磕							
g					巖	□40								
0	/	/	/	/	/	/	/	/	/	/	/	/	/	/
h	蚶	喊	譀	哈	含	陷	合							
'	庵	□41	暗	圧	涵	頷	匣							

声＼韻調	開 口							開 口						
	an	an	an	at	an	an	at	aŋ	aŋ	aŋ	ak	aŋ	aŋ	ak
声	陰平	上	陰去	陰入	陽平	陽去	陽入	陰平	上	陰去	陰入	陽平	陽去	陽入
p	班	板		八	瓶	扮	別	邦	綁	放	剝	龐	棒	縛
p'	扳		盼					芳	紡	胖	覆	篷	縫	曝
b		挽		捌	蠻	慢	密	□[48]	蟒	□[49]	筆[50]	忙	望	木
m	／	／	／	／	／	／	／	／	／	／	／	／	／	／
t	丹	等	旦	如	橦	但	達	當	董	凍	觸	同	動	逐
t'	灘	坦	炭	踢		□[44]		通	桶	痛	剔	虫	□[51]	讀
l	鱗	懶		捺	難	爛	力	□[52]	攏	穿	落	軂	弄	六
n	／	／	／	／	／	／	／	／	／	／	／	／	／	／
c	曾	盞	贊	札	殘	賛	實	鬃	總	粽	促	叢		
c'	餐	剗	燦	察	田		賊	蔥		□[53]	擦			鑿
z	／	／	／	／	／	／	／	／	／	／	／	／	／	／
s	山	產	散	殺				鬆	攮	送	□[54]			
k	干	趕	幹	割				江	講	降	角	□[55]	共	□[56]
k'	刊		看	渴				空	孔	空	確			□[57]
g		眼	□[45]		顏	岸							戇	岳
ŋ	／	／	／	／	／	／	／	／	／	／	／	／	／	／
h	番	罕	漢	喝	寒	汗		烘	哄	□[58]	□[59]	行	項	學
'	安	□[46]	按	曷	□[47]	限		翁	偬	甕	握	紅		

声 ＼ 韻・調	開口							陰口						
	oŋ	oŋ	oŋ	ok	oŋ	oŋ	ok	aN	aN	aN	aN?	aN	aN	aN?
	陰平	上	陰去	陰入	陽平	陽去	陽入	陰平	上	陰去	陰入	陽平	陽去	陽入
p		榜	謗	北	房	磅	泊							
p'		捧	胖	博	篷	□[60]	曝			怕				
b	揆	網	□[61]	□[62]	忙	夢	目	/	/	/	/	/	/	/
m	/	/	/	/	/	/	/		馬	□[66]		麻	罵	
t	東	党	凍	督	堂	洞	毒	担	打	担		□[67]	□[68]	
t'	湯	統	痛	託	餳	幢	読	他						□[69]
l	瓏	朗	□[63]	濾	狼	弄	絡	/	/	/	/	/	/	/
n	/	/	/	/	/	/	/	攬	□[70]		□[71]	籃	□[72]	
c	宗	總	葬	作	蔵	狀	族		□[73]	炸		□[74]		
c'	倉		創	錯	床		鑿							□[75]
z	/	/	/	/	/	/	/	/	/	/	/	/	/	/
s	桑	爽	送	速	慢			三			□[76]			
k	公	広	貢	各	狂		□[64]	監	致	酵		含		
k'	康	孔	抗	哭			□[65]	堪						
g		馱			昂	懿	鄂	/	/	/	/	/	/	/
ŋ	/	/	/	/	/	/	/	雅						
h	荒	訪	放	福	皇	奉	服	喊				□[77]	□[78]	
，	翁	往	甕	屋	王	旺	篡				□[79]			舘

聲／調	開				口			開				口		
韻	ain			(ainʔ)	ain		(ainʔ)	auN			aUNʔ	auN		auNʔ
	陰平	上	陰去	陰入	陽平	陽去	陽入	陰平	上	陰去	陰入	陽平	陽去	陽入
p		擺 80												
p'		□ 81				□ 82								
b	/	/	/	/	/	/	/	/	/	/	/	/	/	/
m		買	□ 83			賣		□ 91			□ 92	矛	貌	
t	□ 84	□ 85												
t'														
l	/	/	/	/	/	/	/	/	/	/	/	/	/	/
n	□ 86	乃				耐			腦		□ 93		閙	
c		宰												
c'														
z	/	/	/	/	/	/	/	/	/	/	/	/	/	/
s														□ 94
k	□ 87													
k'		□ 88												□ 95
g	/	/	/	/	/	/	/	/	/	/	/	/	/	/
ŋ						艾						肴	楽	
h	□ 89													
'						□ 90								

	開				口			開				口		
韻 → / 調声 / 声	eN 陰平	eN 上	eN 陰去	eN? 陰入	eN 陽平	eN 陽去	eN? 陽入	oN 陰平	oN 上	oN 陰去	oN? 陰入	oN 陽平	oN 陽去	oN? 陽入
p			<u>柄</u>		<u>棚</u>	<u>病</u>								
p'	偏				彭									
b	/	/	/	/	/	/	/	/	/	/	/	/	/	/
m	□96	猛			宣	罵	脈				□103	魔	冒	膜
t	釘		瞪		□97	鄭								
t'			瞠											
l	/	/	/	/	/	/	/	/	/	/	/	/	/	/
n		奶	□98		拎		□99						懦	
c	爭	井	諍											
c'	星		醒											
z	/	/	/	/	/	/	/	/	/	/	/	/	/	/
s	生		姓											
k	庚	便	徑									□104		
k'	坑						□100							
g	/	/	/	/	/	/	/	/	/	/	/	/	/	/
ŋ				莢	硬		挾	伍				俄	臥	
h				□101	□102			□105	火	貨				□106
,	英							□107		惡				

声＼韻調	開口 m 陰平	m 上	m 陰去	mʔ 陰入	m 陽平	m 陽去	mʔ 陽入	開口 ŋ 陰平	ŋ 上	ŋ 陰去	ŋʔ 陰入	ŋ 陽平	ŋ 陽去	ŋʔ 陽入
p								方	榜				飯	
p'											□110			
b	/	/	/	/	/	/	/	/	/	/	/	/	/	/
m								□111	晚			門	問	
t								当	転	頓		店	丈	
t'								湯		褪		糖	□112	
l	/	/	/	/	/	/	/	/	/	/	/	/	/	/
n								掄	軟	□113		郎	両	
c								碪		鑽		全	狀	
c'								村	吮	串		牀		□114
z	/	/	/	/	/	/	/	/	/	/	/	/	/	/
s								喪	損	算		牀		
k								缸	広	鋼				
k'								庫		勸			□115	□116
g	/	/	/	/	/	/	/	/	/	/	/	/	/	/
ŋ														
h				□108	茅			荒			□117	園	遠	
'		姆			梅	□109		央	阮		□118	黄	量	□119

声\韵調	齐齿 i 陰平	上	陰去	iʔ 陰入	i 陽平	陽去	iʔ 陽入	齐齿 iu 陰平	上	陰去	iuʔ 陰入	iu 陽平	陽去	iuʔ 陽入
p	卑	比	庇	箆	脾	備	□[120]	彪						
p‘	披	邳		□[121]	皮									
b	微	米		覕	微	未	篾					謬		
m	／	／	／	／	／	／	／	／	／	／		／	／	／
t	知	抵	致	滴	池	治	碟	丟	肘	晝	□[129]	綢	宙	
t‘	黐	恥	剃	鐵	啼		跌	抽	丑					
l		李	攞		狸	利	裂	溜	柳	溜		留	餾	
n	／	／	／	／	／	／	／	／	／	／		／	／	／
c	之	止	至	接	瓷	舐	舌	舟	酒	呪	□[130]		就	□[131]
c‘	癡	侈	刺	□[122]	持	市	跩	秋	手	皺		愁	樹	
z		子			兒	二	□[123]					柔		
s	詩	矢	試	薛	時	是	□[124]	修	守	秀		仇	受	
k	幾	己	記	□[125]	期	妓	□[126]	鳩	九	救	□[132]	求	臼	
k‘	欺	起	氣	缺	騎	柿	□[127]	丘		換		虯	牛	
g		擬			宜	義					□[133]	換		
ŋ	／	／	／	／	／	／	／	／	／	／		／	／	／
h	希	喜	戲		魚			休	朽	臭		裘		
’	伊	椅	意		移	肆[128]		憂	友	幼		由		又

声＼韵	齐齿 ia 陰平	ia 上	ia 陰去	iaʔ 陰入	ia 陽平	ia 陽去	iaʔ 陽入	齐齿 iau 陰平	iau 上	iau 陰去	iauʔ 陰入	iau 陽平	iau 陽去	iauʔ 陽入
p				壁					表				鰾	
pʻ				僻				飄		票		嫖		
b									秒			苗	妙	
m	/	/	/	/	/	/	/	/	/	/	/	/	/	/
t	爹			摘			糴	雕		弔		潮	兆	
tʻ				拆				挑		跳		□136		
l							搦		了			燎	料	
n	/	/	/	/	/	/	/	/	/	/	/	/	/	/
c	者	姐	蔗	隻		謝	食	昭	鳥	照		樵		
cʻ	奢	扯		赤				超	悄	笑		撨		□137
z	遮	惹		跡					擾	抓		繞	尿	
s	賒	捨	赦	錫	斜	社	夕	燒	小	少		韶	紹	
k	迦		寄		崎		屐	嬌	繳	叫		僑	轎	
kʻ	徛			隙	騎	徛		蹺	巧	竅				□138
g					迎		額				□139	堯		
ŋ	/	/	/	/	/	/	/	/	/	/	/	/	/	/
h	靴			□134	蟻	額		僥	曉		□140	□141		
ʼ		也	□135	益	爺	夜	役	妖	夭	要		搖	耀	

韻／調／声	齐 齿							齐 齿						
	iə			iəʔ	ei		eiʔ	im			ip	im		ip
	陰平	上	陰去	陰入	陽平	陽去	陽入	陰平	上	陰去	陰入	陽平	陽去	陽入
p	標	表				鰾		/	/	/	/	/	/	/
p'			票		瓢			/	/	/	/	/	/	/
b					描	廟		/	/	/	/	/	/	/
m	/	/	/	/	/	/	/	/	/	/	/	/	/	/
t			釣	着	潮	趙	着			揕		沉	朕	
t'	挑		糶		跳			琛		鴆				
l		瞭			撩		略	□148	凛			臨	賃	立
n	/	/	/	/	/	/	/	/	/	/	/	/	/	/
c	招	少	照	借			石	斟	枕	浸	執	蟳		集
c'	秋		笑	尺			席	深	寢		緝	□149		
z				尿			弱			忍		姙	任	入
s	燒	小	鞘	惜	□142		□143	心	審	滲	濕	尋	甚	
k			叫		橋	轎		今	錦	禁	急		妗	
k'			竅	却				欽			泣	琴	吟	
g					蟯						□150		□151	
ŋ	/	/	/	/	/	/	/	/	/	/	/	/	/	/
h			□144	□145			□146	欣			翁	熊		
,	腰	□147		約	搖		薬	音	飲	蔭	邑	淫		

声＼韻調	齐　　　　齿							齐　　　　齿						
	iam			iap	iam		iap	in			it	in		it
	陰平	上	陰去	陰入	陽平	陽去	陽入	陰平	上	陰去	陰入	陽平	陽去	陽入
p	/	/	/	/	/	/	/	彬	稟	賓	筆	貧	牝	弼
p'	/	/	/	/	/	/	/		品		匹			□155
b	/	/	/	/	/	/	/		敏			民	面	蜜
m	/	/	/	/	/	/	/	/	/	/	/	/	/	/
t	霑	点	店	砧	甜	簟	蝶	珍	振	鎮	得	陳	陣	姪
t'	添	忝	桥	帖		沉	疊			趁		陳	□156	
l	拈	歛	捻	捏	廉	念	粒	□157	□158	□159		鱗	吝	
n	/	/	/	/	/	/	/	/	/	/	/	/	/	/
c	尖		佔	接	潛	漸	捷	真	振	進	職	秦	盡	疾
c'	簽	鐕	僣	妾	□152			親		襯	七			
z		冉	顫				廿					仁	認	日
s	殲	陝	滲	澀	簷	蟾	涉	新		信	失	神	慎	實
k	兼	檢	劍	劫	鹹			根	緊	艮		近		□160
k'	謙	歉	欠	怯	鉗	儉		輕	□161		乞	勤		□162
g		儼		□153	嚴	驗	業	□163	□164		迄	銀	狀	□165
ŋ	/	/	/	/	/	/	/	/	/	/	/	/	/	/
h	謙	嶮	□154		嫌		挾	興		釁	□166	眩	恨	
,	淹	掩	厭	饁	塩	炎	葉	因	引	印	一	寅	孕	

声＼韵调	齐齿							齐齿						
	ian			iat	ian		iat	iaŋ			iak	iaŋ		iak
	陰平	上	陰去	陰入	陽平	陽去	陽入	陰平	上	陰去	陰入	陽平	陽去	陽入
p	辺	眨	変	甑	騈	便	別			□171	□172			□173
p'	篇		片	撇									□174	□175
b		免			綿	面	滅							
m	/	/	/	/	/	/	/	/	/	/	/	/	/	/
t	顛	展		哲	田	電	迭	□176						
t'	天	殄		鉄	塡									
l	□167	蹍			連	煉	列					涼	量	
n	/	/	/	/	/	/	/	/	/	/	/	/	/	/
c	煎	剪	戰	折	前	賤	截	漳	堂	將				
c'	千	浅		切	銭		□168		□177	倡		當	□178	□179
z					然		熱			嘆				
s	仙	鮮	線	設	蟬	善	舌	双		相	□180	詳	像	
k	肩	田	建	結		件	傑							塑
k'	牽	犬	譴	子	虔	言	□169	□181		□182				劇
g	妍	研		□170	言		孽	□183			□184		□185	
0	/	/	/	/	/	/	/	/	/	/	/	/	/	/
h	軒	顯	献	血	賢	硯	穴	香	響	向				
'	煙	演	宴	謁	延	院	悦					揚		

声＼韵调	齊齒							齊齒						
	ioŋ	ioŋ	ioŋ	iok	ioŋ	ioŋ	iok	iŋ	iŋ	iŋ	ik	iŋ	iŋ	ik
	陰平	上	陰去	陰入	陽平	陽去	陽入	陰平	上	陰去	陰入	陽平	陽去	陽入
p								兵	丙	柄	百	平	並	白
pʻ								烹		聘	魄	彭	並	
b									猛			名	孟	默
m	/	/	/	/	/	/	/	/	/	/	/	/	/	/
t	中	長	漲	竹	場	重	逐	丁	頂	訂	德	亭	定	特
tʻ	衷	冢	暢	畜	虫			聽	逞	牚	斥	謄		宅
l		兩	□[186]		良	亮	六			冷	栗	能	令	歷
n	/	/	/	/	/	/	/	/	/	/	/	/	/	/
c	章	種	衆	足	從	狀		晶	井	政	則	情	靜	寂
cʻ	昌	廠	唱	雀	牆	匠	□[187]	清	請	称	策	松	□[190]	趣
z		冗		□[188]	戎		肉					仍		
s	商	賞	相	宿	祥	尚	俗	升	省	姓	室	成	盛	石
k	弓	拱	供	菊	強	共	局	経	景	敬	革	窮	競	極
kʻ	羌	恐		却				卿	肯	慶	刻	瓊	□[191]	逆
g		仰			□[189]		玉					研	迎	
ŋ	/	/	/	/	/	/	/	/	/	/	/	/	/	/
h	香	享	向	郁	雄	羊	用	兄	悻	興	黑	形	杏	或
ʼ	央	勇	映	約	羊	用	育	櫻	永	応	益	栄	詠	役

韻 声調	齐							齿							
	iN			iNʔ	iN		iNʔ	ianN			ianNʔ	ianN			ianNʔ
声	陰平	上	陰去	陰入	陽平	陽去	陽入	陰平	上	陰去	陰入	陽平	陽去		陽入
p	辺	扁	変			辮		□200	併	併		平			
pʻ	篇		片			臬		□201	□202			坪			
b	/	/	/	/	/	/	/	/	/	/	/	/	/		/
m					綿	麵	物					名	命		
t	□192				纏	塡	值	□203	鼎	矴		埕	定		
tʻ	天					綷		聽		□204		程	□205		
l	/	/	/	/	/	/	/	/	/	/	/	/	/		/
n	拈	染		聶	年	莉			領			娘	但		
c	晶	讚	箭	□193	錢	舐		正	俎	正		成	淨		
cʻ	鮮	淺					□194		且	倩		成			
z	/	/	/	/	/	/	/	/	/	/	/	/	/		/
s			扇		竝	竝	□195	声	□206	聖		城	盛		
k	椸		見		埕			京	囝	鏡		行	健		
kʻ	□196				鉗			輕							
g	/	/	/	/	/	/	/	/	/	/	/	/	/		/
ʊ												迎			
h	啍		□197			玨		兄	□207	□208	嚇	□209	□210		
'	嬰	□198	燕		円	易	□199	纓	影	映		營	□211		

声＼調韵	齐				齿			齐				齿		
	iauN			iauN?	iauN		iauN?	ioN			(ioN?)	ioN		(ioN?)
	陰平	上	陰去	陰入	陽平	陽去	陽入	陰平	上	陰去	陰入	陽平	陽去	陽入
p														
p'														
b	/	/	/	/	/	/	/	/	/	/	/	/	/	/
m														
t								張	長	漲		場	丈	
t'														
l	/	/	/	/	/	/	/	/	/		/	/		/
n	猫	鳥							両			梁	讓	
c								螿	蔣	醬		裳	上	
c'								槍	搶			牆	象	
z	/	/	/	/	/	/	/	/	/	/	/	/	/	/
s								箱	賞	相		嘗	尚	
k								薑					聲	
k'								腔						
g	/	/	/	/	/	/	/	/	/		/	/		/
ŋ	□212						□213							
h								歪		向				
ʔ	□214							燕		發		羊	樣	

聲	合				口			合				口		
韻	u			u?	u		u?	ui			(ui?)	ui		(ui?)
調	陰平	上	陰去	陰入	陽平	陽去	陽入	陰平	上	陰去	陰入	陽平	陽去	陽入
p	□215		富	□216	烀	婦				疿		肥	吠	
p'		殕		哱	浮	□217	浡			屁				
b		武			無	務		微						
m	/	/	/	/	/	/	/	/	/	/	/	/	/	/
t	株	拄	著	□218	除	箸	捘	追		対		搥	隊	
t'		苧		□219			□220	推	腿	退		槌	墜	
l	□221	旅	鑢		驢	呂		樏□228	磊			雷	類	
n	/	/	/	/	/	/	/	/	/	/	/	/	/	/
c	朱	主	註	□222	慈	自		錐	嘴	醉		推	瘁	
c'	枢	取	次	□223	疵	怚		崔	髓	脆				
z		愈			逾	喩								
s	苫	史	四	□224	祠	士	□225	雖	水			誰	瑞	
k	居	矩	句		渠	俱		規	鬼	貴		逵	跪	
k'	区				□226	懼	□227	巋		愧				
g		語			牛	御				陒		危	偽	
ŋ	/	/	/	/	/	/	/	/	/	/	/	/	/	/
h	夫	府	付		符	婦		輝	匪	費		肥	惠	
'	於	宇	飫		余	預		威	偉	畏		囲	位	

声	合 ua 陰平	合 ua 上	合 ua 陰去	合 uaʔ 陰入	口 ua 陽平	口 ua 陽去	口 uaʔ 陽入	合 uai 陰平	合 uai 上	合 uai 陰去	合 (uaiʔ) 陰入	口 uai 陽平	口 uai 陽去	口 (uaiʔ) 陽入
p		簸		鉢			鈸							
p'		破		潑			拔							
b				抹	磨		末							
m	／	／	／	／	／	／		／	／	／	／	／	／	／
t		礱			舵									
t'	拖		泰	獺		汰								
l				垃	籬	瀨	辣							
n	／	／	／	／	／	／	／	／	／	／	／	／	／	／
c		紙		泄	蛇	逝	□229						擖	
c'	鬖	□230	蔡	擦		□231	□232							
z						奈	熱							
s	沙	徙	□233	撒										
k	歌	寡	卦	割				乖	柺	怪			壞	
k'	誇	可	跨	渴						快				
g		我				外								
ŋ	／	／	／	／	／	／	／	／	／	／	／	／	／	／
h	花		化	喝	華	話	□234					槐	壞	
ʔ	蛙	瓦	□235		何		活	歪		□236				

声 \ 韻調	合口							合口						
	ue			ueʔ	ue		ueʔ	un			ut	un		ut
	陰平	上	陰去	陰入	陽平	陽去	陽入	陰平	上	陰去	陰入	陽平	陽去	陽入
p	杯	□[237]	背		陪	倍	拔	分	本	糞	不	唔	笨	勃
p'	胚	□[238]	配		皮	被	□[239]	奔	翉	噴	刣	盆		
b		尾		□[240]		未	襪		刎	□[246]	□[247]	文	問	没
m	/	/	/	/	/	/	/	/	/	/	/	/	/	/
t			対		頹	兌		敦	盹	頓		豚	鈍	突
t'			退		□[241]	褪		呑	蠢	褪	禿	豚	□[248]	□[249]
l		餒			挼	內		□[250]	忍		朒	倫	論	律
n	/	/	/	/	/	/	/	/	/	/	/	/	/	/
c			最			罪		尊	准	俊	卒	存		朮
c'	吹	髓			篬	□[242]		春	喘	寸	出			
z						銳							閏	
s	衰		帥	説	垂	垂		孫	筍	舜	恤	巡	順	術
k	瓜	果	会	郭			□[243]	君	滾	棍	骨	群	郡	掘
k'	恢		課	缺	瘸			坤	墾	困	屈	□[251]		齕
g						外	月				兀			
ŋ	/	/	/	/	/	/	/	/	/	/	/	/	/	/
h	灰	賄	廢	血	回	滙		婚	粉	訓	忽	痕	混	核
,	煨	□[244]	穢	挖	□[245]	衛	劃	温	穩	搵	熨	匀	運	

声＼韻調	合			口				合			口			
	uan			uat	uan		uat	uaN			(uaN?)	uaN		(uaN?)
	陰平	上	陰去	陰入	陽平	陽去	陽入	陰平	上	陰去	陰入	陽平	陽去	陽入
p	般		半	鉢	磐	叛	拔	般	□[252]	半		盤	拌	
p'	潘		判	潑	盤	伴		藩		判			伴	
b		滿		抹			末	/	/	/	/	/	/	/
m	/	/	/	/	/	/	/	褪	滿			瞞		
t	端	短	斷	掇		段	奪	單		旦		壇	段	
t'	湍		鍛	脫	團			灘	坦	炭				
l		暖			戀	亂	劣	/	/	/	/	/	/	/
n	/	/	/	/	/	/	/	□[253]	□[254]			欄	爛	
c	專	轉	鑽	拙	全	撰	絕	煎	盞	贊		泉	賤	
c'	川	喘	竄	撮	全			錢	癉	□[255]				
z		軟						/	/	/	/	/	/	/
s	宣	選	算	刷	旋	鏇		山	產	線				
k	官	管	貫	決	拳	倦		肝	寡	觀		寒	汗	
k'	寬	款	勸	缺	圈			寬		看				
g		玩			元	願	月	/	/	/	/	/	/	/
ŋ	/	/	/	/	/	/	/							
h	歡	反	販	法	桓	犯	罰	歡	□[256]			缸	岸	
'	彎	腕	怨	挖	完	援	日	安	碗	案			換	

韻＼調＼声	合			口				合			口			
	uaiN			uaiN?	uaiN		uaiN?	ueN			(ueN?)	ueN		(ueN?)
	陰平	上	陰去	陰入	陽平	陽去	陽入	陰平	上	陰去	陰入	陽平	陽去	陽入
p														
p'														
b	／	／	／	／	／	／	／	／	／	／	／	／	／	／
m					霉	妹		每				梅	妹	
t														
t'														
l	／	／	／	／	／	／	／	／	／	／	／	／	／	／
n														
c														
c'														
z	／	／	／	／	／	／	／	／	／	／	／	／	／	／
s						□257	□258							
k	関	杤												
k'														
g	／	／	／	／	／	／	／	／	／	／	／	／	／	／
ŋ														
h					横									
'							□259							

音節表說明

1. 漢字只標寫我認定爲本字者。
2. 漢字有底線者，表白話音。
3. □有兩種情況，一爲本字不明者，一爲無法以漢字標寫的擬聲詞和擬態詞。
4. ／表空缺。即不可能有的音節。

「無漢字的音節」注釋

1.　ba2^4　　　　肉。
2.　ba^7　　　　無空隙，剛剛好。
3.　ta^1　　　　乾。
4.　ta^5　　　　bə^5-ta^5-ua^5(毛 □ 何)，沒辦法。
5.　la^1　　　　暗自得意歡喜。
6.　la^5　　　　豬或牛等的油脂。
7.　la^7　　　　用棒子等攪拌。取自《普通話閩南方言詞典》。
8.　ca2^4　　　　把錢財或刀物帶在身上。
9.　ca2^8　　　　遮攔，遮蔽。取自《普通話……》。
10.　ka2^8　　　　動詞、形容詞＋ka2^8，～得(的)不得了。
11.　k‘a^3　　　　輕敲硬物。取自《普通話……》。
12.　ha^1　　　　擬聲詞。呵著氣喝熱茶。
13.　ha2^4　　　　烤火或吹熱氣。
14.　bai^1　　　　ci^1-bai^1，女子陰部。
15.　bai^2　　　　醜陋，不好。取自《普通話……》。

16. bai⁷　　探視，察看。取自《普通話……》。

17. tʻai⁵　　用刀切；殺。

18. pʻau2⁴　　koʔ²-lau⁷-pʻau2⁴(古老 □)老練博識者；性情古
　　　　　　怪者。

19. bau⁷　　煮麵。

20. bau2⁸　　承包，一次買下。

21. tau2⁸　　tau2⁸-tau2⁸，頻繁地。

22. tʻau⁷　　下藥驅蟲。

23. cau⁷　　找零錢。

24. kau2⁸　　nŋ²-kau2⁸-kau2⁸(軟 □□)，軟綿綿。

25. te2⁴　　以重物壓。

26. tʻe2⁴　　tʻŋ³-tʻe2⁴(裼 □)，打赤膊。可能是「坼」tʻik⁴的
　　　　　　白話音。

27. le³　　以竹刷等物刷、擦。

28. cʻe⁵　　跪行。

29. se2⁸　　慢慢地繞大圈。

30. kʻe⁵　　卡在窄處。

31. he¹　　那個。取自《普通話……》。

32. o2⁸　　擬聲詞。o2⁸-o2⁸(喔喔)。

33. cʻə2⁴　　用下流話斥罵。

34. sə⁵　　蟲或蛇爬行貌；動作緩慢。

35. kə⁵　　搖籃。

36. kə⁷　　推動。

37. kʻə⁵　　抓住對方弱點使其焦急。

38.　lam^3　　　泥濘；沙子很深。難走的樣子。

39.　sap^8　　　偷。

40.　gam^7　　　不要臉，不機靈。

41.　am^2　　　　米湯。可能是「飲」im^2 的白話音。

42.　tom^1　　　擬聲詞。噗通。

43.　t'om^1　　　同上。

44.　t'at^8　　　蓋上蓋子讓液體滴漏出來。

45.　gan^3　　　凍僵。

46.　an^2　　　　詞頭。接於人名或稱呼之後，用以表達親暱
　　　　　　　　感。方言。

47.　an^5　　　　緊。

48.　baŋ^1　　　以網等捕捉。

49.　baŋ^3　　　不可～。表禁止。也說成 boŋ^3。

50.　bak^4　　　弄髒。取自《普通話……》。

51.　t'aŋ^7　　　耳語不好的事。

52.　laŋ^1　　　上下間隔過大。

53.　c'aŋ^3　　　藏起來。

54.　sak^4　　　由後方推。

55.　kaŋ^5　　　相同的。

56.　kak^8　　　t'ə^2-kak^8(討 □)，丟棄。

57.　k'ak^8　　　擬聲詞。咳痰聲。

58.　haŋ^3　　　紅腫發炎。

59.　hak^4　　　購置家俱或不動產。

60.　p'oŋ^7　　　擬聲詞。偶然遇見。

61.　boŋ³　　　吊兒郎當的。

62.　bok⁴　　　擬聲詞。啵啵地噴出；下沉。

63.　loŋ³　　　擬聲詞。奮力敲打出聲。

64.　kok⁸　　　擬聲詞。以吸器吸出奶水等。

65.　kʻok⁸　　擬聲詞。撞到。

66.　maɴ³　　　彎腰趴下。

67.　taɴ⁵　　　弄錯。

68.　taɴ⁷　　　搞砸了～。

69.　tʻaɴ⁷　　cŋ¹-tʻaɴ⁷(裝 □)，化妝，打扮。

70.　naɴ³　　　si2⁴-naɴ³，閃電。

71.　naɴ2⁴　　凹陷。

72.　naɴ⁷　　　要是。

73.　caɴ²　　　砍斷，切割；截取衣物或牆壁的一部分去做。

74.　caɴ⁵　　　展開雙手攔阻；橫越。

75.　cʻaɴ⁷　　擬聲詞。吶喊殺敵。

76.　saɴ2⁴　　急著想要；大口吸氣進去。

77.　haɴ⁵　　　擬聲詞。不知道為何被叫時的回話用語。

78.　haɴ⁷　　　跨過。

79.　aɴ³　　　　彎腰。

80.　paiɴ²　　回，次。「擺」pai²的鼻音化形式。沒有鼻音化
　　　　　　　　的方言較多。

81.　pʻaiɴ²　　壞。可能為「痞」(方美切)。

82.　pʻaiɴ⁷　　背負重物。

83.　maiɴ³　　不要～。表禁止。可能為 m⁷＋ai³(□ 愛)。

84. taiɴ¹　　　擬聲詞。小鼓的聲音。

85. taiɴ²　　　(猛地)砍掉。

86. naiɴ¹　　　saiˡ-naiɴ¹，女子或小孩撒嬌的模樣。

87. kaiɴ¹　　　擬聲詞。ㄍㄞ一。

88. kʻaiɴ²　　　以手指或關節敲打頭部。

89. haiɴ¹　　　擬聲詞。呻吟。

90. aiɴ⁷　　　　背。

91. mauɴ¹　　　擬聲詞。以棒棍等物狠狠打下去。

92. mauɴ2⁴　　雙頰凹陷，如沒有牙齒的老人等。

93. nauɴ2⁴　　擬聲詞。狗的汪汪叫聲。

94. sauɴ2⁸　　擬聲詞。吃仙貝等物時發出的脆響聲。

95. kʻauɴ2⁸　擬聲詞。卡里卡里，啪里啪里。

96. meɴ¹　　　以手指抓取。

97. teɴ⁵　　　將皮等物繃緊予以固定。

98. neɴ³　　　踮腳尖。

99. neɴ2⁸　　kʻiɴ¹-niɴ¹ kʻeɴ2⁸-neɴ2⁸，隆隆的雷聲。

100. kʻeɴ2⁸　同上。

101. heɴ2⁴　是，講話時的附和用語。

102. heɴ⁵　　棄置不顧，事情未解決就擱下不管。也有方言
　　　　　　　說成 haɴ⁵。

103. moɴ2⁴　正好貼近平面；緊靠著身體抱住。

104. koɴ⁷　　擬聲詞。打呼聲。

105. hoɴ¹　　東西，傢伙。粗話。

106. hoɴ⁷　　感歎詞，語氣詞。這樣，～是吧?

107. oN¹　　　擬聲詞。乖乖睡哦。哄小孩入睡時的聲音。

108. hm2⁴　　擬聲詞。用力打下去。

109. m⁷　　　不要，意志否定。

110. p'ŋ2⁴　　擬聲詞。暴跳如雷，盛怒狀。

111. mŋ¹　　　像毛一樣細。

112. t'ŋ⁷　　　熱菜。

113. nŋ³　　　穿過洞穴或縫隙。

114. c'ŋ2⁸　　擬聲詞。擤鼻涕聲。

115. k'ŋ⁷　　　k'ŋ⁷-k'ŋ⁷，傲慢的模樣。

116. k'ŋ2⁸　　擬聲詞。(小孩、女子)撒嬌聲。

117. hŋ2⁴　　感歎詞。對，就是這樣。

118. ŋ³　　　　向著；期望。可能是「映」的白話音。

119. ŋ2⁸　　　擬聲詞。哄小孩大便時所發出的聲音。

120. pi2⁸　　　擬聲詞。pi?⁸-piak⁸，劈哩啪啦的蹦裂聲。

121. p'i2⁴　　跪拜，叩拜。

122. c'i2⁴　　低頭，往下垂。

123. zi2⁸　　　以雙手按壓。

124. si2⁸　　　減了份量，耗損。

125. ki2⁴　　　堆砌圍牆等。

126. ki2⁸　　　擬聲詞。吱吱地笑。

127. k'i2⁸　　擬態詞。瘦黑無色澤的樣子。

128. i⁷　　　　玩。取自《普通話……》。

129. tiu2⁴　　擬態詞。抽痛狀。

130. ciu2⁴　　bat⁸-ciu2⁴-ciu2⁴(蜜 □□)，完全密合，無縫

　　　　　　　隙。

131.　ciu2⁸　　擬聲詞。

132.　kiu2⁴　　擬聲詞。一點一點吸起來；吸吮。

133.　giu2⁴　　sŋ¹-giu2⁴-giu2⁴(酸 □□)，酸溜溜。

134.　hia2⁴　　那般地。

135.　ia³　　　厭煩。

136.　tʻiau⁷　　柱子。

137.　cʻiau?⁸　擬態詞。cʻiau2⁸-cʻiau2⁸niɴ2⁴(□□瞞)，神經質
　　　　　　　地眨眼。

138.　kʻiau2⁸　擬聲詞。打梆子的聲音。

139.　giau2⁴　　以手指或針挖起。

140.　hiau2⁴　　表皮等脫落，剝離。

141.　hiau⁵　　女子三八不端莊。

142.　siə⁵　　　nŋ²-siə⁵-siə⁵(軟 □□)，累趴了。

143.　siə2⁸　　手掌或腳掌流出的油、汗。

144.　hiə³　　　感歎詞。對啦！附和時的聲音。有發成〔hio〕
　　　　　　　的趨向。

145.　hiə2⁴　　休息。

146.　hiə2⁸　　樹葉。

147.　iə²　　　拿棍棒之類斜斜地打下去。

148.　lim¹　　　喝。

149.　cʻim⁵　　擬聲詞。鐃鈸所發出的聲音。

150.　gim³　　　nŋ⁵-gim³-gim³(黃 □□)，熟透成金黃色。

151.　gim⁷　　　握住。

152. c'iam⁵　　以銳利的刀物用力戳刺。

153. giap⁴　　以洗衣夾等物夾住。

154. hiam³　　大聲叫喚。

155. p'in⁵　　因貧血而步履跟蹌，搖擺歪斜。

156. t'in⁷　　平分；嫁給～。

157. lin¹　　擬聲詞。lin¹-lon¹(□瓏)，鈴—鈴—。

158. lin²　　你們，第二人稱複數。

159. lin³　　滾動。

160. kit⁸　　形容稀飯或飯很硬。

161. k'in²　　k'in²-bin⁵(□眠)，淺眠。

162. k'it⁸　　椿子。

163. gin¹　　擬聲詞。gin¹-gian¹，鉦的聲音。

164. gin²　　gin²-a²，小孩。

165. gin⁷　　生氣，感到厭惡。取自《普通話……》。

166. hit⁴　　邪。遠稱指示詞。可能是「迄」git⁴的白話音。

167. lian¹　　花枯萎。

168. c'iat⁸　　擬聲詞。穿著拖鞋拖地行走的聲音。

169. k'iat⁸　　o¹-k'iat⁸(烏□)，臉部等黯淡無澤成淡黑色。

170. gian³　　渴望。

171. pian³　　擬聲詞。乒，乓。破裂聲。

172. piak⁴　　電，炸乾。

173. piak⁸　　擬聲詞。pi2⁸-piak⁸，燃燒後彈開。

174. p'ian⁷　　擬態詞。體型碩大。

175. p'iak⁸　　擬聲詞。將泥土或石灰等甩到牆上的聲音。

176. tiaŋ¹　擬聲詞。琴等發出的叮噹聲。

177. c'iaŋ²　zu⁵-c'iaŋ²-c'iaŋ²(茹 □□)，雜亂無章，亂七八糟。

178. c'iaŋ⁷　擬聲詞。c'iaŋ⁷-c'iaŋ⁷-kun²(□□ 滾)，煮沸時發出的聲音。

179. c'iak⁸　擬聲詞。心頭震一下。

180. siak⁴　用力摔。

181. k'iaŋ¹　擬聲詞。陶瓷或金屬相互碰撞所發出的聲音。

182. k'iaŋ³　有本事，值得佩服。

183. giaŋ¹　鉦，鈴。鳴鉦、鳴鈴聲。

184. giaŋ³　牙齒等難看地突出來。

185. giaŋ⁷　猜拳。可能是來自日語的借用詞。

186. lioŋ³　嬰兒等揮舞手足踢鬧。

187. c'iok⁸　搓皺，玩弄。

188. ziok⁴　追趕。

189. gioŋ⁷　就要～的樣子。粗話。

190. c'iŋ⁷　穿衣物。

191. k'iŋ⁷　彩虹。

192. tiɴ¹　甜。

193. ciɴ2⁴　pui⁵-ciɴ2⁴-ciɴ2⁴(肥 □□)，肥滋滋。

194. c'iɴ2⁸　擬聲詞。c'iɴ2⁸-c'ŋ2⁸，抽鼻涕聲，嘀咕。

195. siɴ2⁸　擬聲詞。siɴ2⁸-suaiɴ2⁸，鞋子或床所發出的吱咯聲。

196. k'iɴ¹　擬聲詞。k'iɴ¹-niɴ¹ k'eɴ2⁸-neɴ2⁸，雷聲。

197. hiᴺ³   甩開，投擲。

198. iᴺ²   芽。

199. iᴺʔ⁸   iᴺ²⁸-iᴺ²⁸ ŋ2⁸-ŋ2⁸，支吾其詞。結巴。

200. piaᴺ¹   拋扔。

201. pʻiaᴺ¹   kʻaˡ-cia2⁴-pʻiaᴺ¹(咬脊 □)，背脊。

202. pʻiaᴺ²   薄片之類。

203. tiaᴺ¹   kaˡ-tiaᴺ¹(芨 □)，茄苳，植物名。

204. tʻiaᴺ³   痛；疼愛。

205. tʻiaᴺ⁷   支持，保持。

206. siaᴺ²   什麼。指示詞。

207. hiaᴺ²   閃爍，雪亮。

208. hiaᴺ³   身體向後彎。

209. hiaᴺ⁵   燒，焚。

210. hiaᴺ⁷   艾草。

211. iaᴺ⁷   風飛揚。

212. ŋiauᴺ¹   搔癢，癢癢的。

213. ŋiauᴺ2⁸   擬態詞。蟲等蠕動狀。

214. iauᴺ¹   擬聲詞。喵，貓叫聲。

215. pu¹   擬聲詞。汽笛聲等。

216. pu2⁴   擬聲詞。冒出芽等。

217. pʻu⁷   冒出泡泡等。

218. tu2⁴   打盹。

219. tʻu2⁴   以棒子類的長物撐起，支撐。

220. tʻu2⁸   口吃，結巴。

221. lu¹　　　　使之滑行前進。

222. cu2⁴　　　　擬聲詞。滲漏而出，拿出。

223. cʻu2⁴　　　擬聲詞。使用已點著火的東西觸碰。

224. su2⁴　　　　kin²-su2⁴-su2⁴（緊□□），快得不得了。

225. su2⁸　　　　su2⁸-gian⁷（□犴），意志消沉，無精打彩。

226. kʻu⁵　　　　蹲下。

227. kʻu2⁸　　　擬聲詞。kʻu2⁸-kʻu2⁸ sau³（□□嗽），咳嗽聲。

228. lui¹　　　　像樹瘤狀的東西，(腫起的)包。也讀作 lui⁵，
　　　　　　　　引用自《普通話……》

229. cua2⁸　　　不一樣，有差距。

230. cʻua²　　　nuaN⁷-cʻua²（爛□），散漫。

231. cʻua⁷　　　帶著，帶領；娶。

232. cʻua2⁸　　斜斜的；斜斜地橫越。

233. sua³　　　　繼續。

234. hua2⁸　　　步幅；跨過。

235. ua³　　　　使之發酵，釀造。

236. uai²　　　　扭到腳，扭到筋。

237. pue²　　　　撥動，撥開。

238. pʻue²　　　cʻui³-pʻue²（喙□），臉頰。

239. pʻue2⁸　　液體表面產生的泡沫。

240. bue2⁴　　　要，想要。

241. tʻue⁵　　　腫疱。瘡的一種。

242. cʻue⁷　　　尋找，拜訪。

243. kue2⁸　　　把長物折斷後的那一段，那一截。

244. ue^2 感歎詞。喂。

245. ue^5 感歎詞。喂。回答時用語。

246. bun^3 水湧上來；土高起來。

247. but^4 tiN^1-but^4-but^4，甜到做嗯的程度。

248. $t'un^7$ 塡平；不斷投入～。

249. $t'ut^8$ 擬態詞。滑溜開來，分離。

250. lun^1 輕輕地伸出手腳。

251. $k'un^5$ 數量詞。捲。沿著邊緣綁起來。

252. $puaN^2$ $aŋ^5$-$puaN^2$(紅 □)，具足鯛。

253. $nuaN^2$ 以手按壓搓揉。

254. $nuaN^3$ 痛苦得扭動。可能是「攤」(乃旦切)的白話音。

255. $c'uaN^3$ 拴上門栓。

256. $_huaN^2$ 不清楚。漫不經心。可能爲「罕」han^2的白話音。

257. $suaiN^7$ 芒果。

258. $suaiN2^8$ 擬聲詞。$siN2^8$-$suaiN2^8$，鞋子或床所發出的吱咯聲。

259. $uaiN2^8$ 擬聲詞。$iN2^8$-$uaiN2^8$，吱吱咯咯，椅子吱咯作響的聲音。

5. 來自音節表的領會

音節數共 2,217。其中舒聲 1,759，促聲 458。詳如下表。

	舒聲		促聲		總計
開　口	687	＋	170	＝	857
齊　齒	692	＋	199	＝	891
合　口	380	＋	89	＝	469
合　計	1,759	＋	458	＝	2,217

音節數繁多，意味著音節極富變化，但相對的，也表示不易學習。同時也意味著極少同音異義詞。

接下來，以韻母音節數的多寡，依序排列如下：

65	i	56	in	48	ioŋ
62	iŋ	55	o		ue
61	un	52	au		uaN
60	oŋ		an	47	ŋ
	u		iau	46	a
59	e	51	ai	45	am
58	ian		iaN	41	iN
57	ə	50	ui	39	im
	ə̃	49	iu	37	ua
	aŋ		iam	34	iə
	uan			32	aN

31	eN	19	a2	12	u2
	ioN		at		m
27	ia		ia2		iau2
26	ok	18	ə2		iauN
	iaŋ		it	3	ueN
25	ak		iok	2	om
	iat	17	aiN		aN2
24	ik		e2		oN2
23	ut	16	ap		uaiN2
21	i2		iə2	1	o2
20	iap	13	oN		m2
	ua2		ip		iau2
	uat				iauN2

　　音節數因人而異，多少會有出入，我想這一點無須多做強調。

　　音節數愈多的韻母，就擁有愈多的詞彙，在考量押韻時，也就愈好用。我們可以把 i＞iŋ＞un＞oŋ……的順序，看做是使用頻率的遞減順序。這裡所談的押韻，並非指像作詩時那樣嚴謹的講究；無關句中的平仄，只求末尾音節的韻一致。這樣聽起來，才會腔調悅耳，旋律優美。以此做為用詞遣字的條件，也算是一種修辭法。

　　陽韻(-m，-n，-ŋ)和陽韻入聲(-p，-t，-k)，由於音韻差異過大，無法押韻。不過，陰韻和陰韻入聲(-2)，甚至鼻化韻母(-N)

或鼻化韻母入聲(-N2)押韻，倒不是新鮮事。例如：

「滴」　ti2^4　　「池」　ti^5

「枝」　ki^1　　「見」　kiN^3　　民謠「雨夜花」(u^2-ia^7-hue^1)

「堅」　k'ia^7　「者」　cia^1

「赤」　c'ia2^4　「食」　cia2^8　　歌仔册〈青冥擺腳對答歌〉

　　　　　　　　　　　　　　　　　　(c'eN^1-meN^5 pai^2-k'a^1 tui^3-

　　　　　　　　　　　　　　　　　　tap^4-kua^1)

　　如果是這樣的話，i 類有 i(65)＋iN(41)＋i2(21)＋iN2(7)，合計共有 134 音節數，是最普遍的韻類，無怪乎歌謠和「歌仔册」很多是以 i 押韻的。

6. 音韻標記比較表

聲母標記表

音価	音素	本稿	台湾語常用語彙	台湾語講座	教会ローマ字	会現代閩南語辭典 / ㇿ字簿語辭典	一種閩南話	鹿港方言	閩南方言詞典	台語方音符号	備考
[p]	/p/	p	b	p	p	p	p	p	b	ㄅ	
p'	p'	p'	p	ph	ph	ph	p'	p'	p	ㄆ	
b	b	b	bh	b	b	b	b	b	bb	ㆠ	閩南方言詞典把m標記做bbn。例:「毛」bbnao。
m	m	m	m	m	m	m	m	m	/	ㄇ	
t	t	t	d	t	t	t	t	t	d	ㄉ	
t'	t'	t'	t	th	th	th	t'	t'	t	ㄊ	
l	l	l	l	l	l	l	l	d	l	ㄌ	
n	n	n	n	n	n	n	n	n	/	ㄋ	閩南方言詞典以ln-代表n。例:「兩」lnao。
ts~tɕ	c	c	z	c	ts~ch	ch	ts	ts	z	ㄗㄐ	
ts'~tɕ'	c'	c'	c	ch	chh	chh	ts'	ts'	c	ㄘㄑ	
dz~dʑ	z	z	r	r	j	j	dz	/	/	ㄗㆢ	
s~ɕ	s	s	s	s	s	s	s	s	s	ㄙ	
k	k	k	g	k	k	k	k	k	g	ㄍ	
k'	k'	k'	k	kh	kh	kh	k'	k'	k	ㄎ	
g	g	g	gh	g	g	g	g	g	gg	ㆣ	
ŋ	ŋ	ŋ	ng	ng	ng	ng	ŋ	ŋ	/	兀	閩南方言詞典以ggn-標示ŋ。例:「雅」ggna。
h	h	h	x	h	h	h	h	h	h	ㄏ	
ʔ	ʔ	ʔ	ʔ	ʔ	/	/	ʔ	ʔ	/	丨	

韻母標記比較表

音値	音素	本稿	台灣語常用語彙（發音）	台灣語聲講	教會羅馬字	現代閩南語辭典	一種閩南話	鹿港方言	閩南方言詞典	台語方音符号	備考
[a]	/a/	a	a	a	a	a	a	a	a	ㄚ	閩南方言詞典有設定「界音法」：a、e、o開始的音節以下，當出現在第2音節面音時，須與前面音節的韻尾產生界限混淆時，則加上，。例如：pi'ao(皮襖)。
a?	a?	a?	aq	aq	ah	ah	a?	a?	ah	ㄚˀ	
ai	ai	ai	ai	ai	ai	ai	ai	ai	ai	ㄞ	台語音符號裏有ㄞ-ai²。
au	au	au	au	au	au	au	au	au	ao	ㄠ	
au?	au?	au?	auq	auq	auh	auh	、	、	aoh	ㄠˀ	
ε	e	e	e	e	e	e	e	e	e	ㄝ	台語方音符號中ㄝ(se)的音位的「ㄝ」同時探漳州音的，閏音〔ε〕附加標記せ(se)爲〔ε〕。
ε?	e?	e?	eq	eq	eh	eh	e?	e?	eh	ㄝˀ	
ɔ	o	o	o	ou	o͘	o͘	ɔ	ɔ	oo	ㆦ	
ɔ?	o?	o?	oq	ouq	o͘h	o͘h	、	、	ooh	丨	
ə	ə	ə	ə	o	o	o	o	o	o	ㆤ	台南方言以外的音位探泉州爲〔o〕。台語方音符号的「ㄛ」腔的閏音〔ə〕及x〔ɨ〕。
ə?	ə?	ə?	əq	oq	oh	oh	o?	o?	oh	ㆤˀ	
am	am	am	am	am	am	am	am	am	am	ㆰ	
ap	ap	ap	ap	ap	ap	ap	ap	ap	ap	ㄚㆴ	
ɔm	ɔm	ɔm	om	om	om	、	、	əm	、	ㆬ	
an	an	an	an	an	an	an	an	an	an	ㄢ	
at	at	at	at	at	at	at	at	at	at	ㄚㆵ	
aŋ	aŋ	aŋ	ang	ang	ang	ang	aŋ	aŋ	ang	ㄤ	
ak	ak	ak	ak	ak	ak	ak	ak	ak	ak	ㄚㆻ	台語方音符號裏有ㄛ、op。
ɔŋ	ɔŋ	ɔŋ	ong	ong	ong	ong	ɔŋ	ɔŋ	ong	ㄥ	

備考	台語方音符号	閩南方言詞典	鹿港方言	一種閩南話	台灣閩南語辭典	教會羅馬字	台灣語誌	台灣語常用讀音	本稿	許訓	當佰
台語方音符号裏有ㄞ→ain2	ㄛ	ok	ɔk	ɔk	ok	ok	ok	ok	ok	ɔk	ɔk
	ㄚ	na	ã	ã	aⁿ	aⁿ	aN	ah	aN	ã	ã
	ㄚㄏ	nah	/	/	ahⁿ	ahⁿ	aNq	ahq	aNʔ	ãʔ	ãʔ
	ㄞ	nai	ãi	/	aiⁿ	aiⁿ	aiN	aih	aiN	ãi	ãi
	ㄠ	nao	ãu	/	/	auⁿ	auN	auh	auN	ãũ	ãũ
	ㄠㄏ	naoh	/	/	/	auhⁿ	auNq	auhq	auNʔ	ãũʔ	ãũʔ
	ㄝ	ne	ẽ	/	eⁿ	eⁿ	eN	eh	eN	ẽ	ɛ
	ㄝㄏ	neh	/	/	ehⁿ	ehⁿ	eNq	ehq	eNʔ	ẽʔ	ɛʔ
	ㆦ	noo	ɔ̃	/	/	oⁿ	ON	oh	ON	ɔ̃	ɔ̃
	ㆦㄏ	nooh	/	/	/	/	ONq	ohq	ONʔ	ɔ̃ʔ	ɔ̃ʔ
	ㆬ	m	m	m	m	m	m	əm	m	m̩	m̩
	ㆬㄏ	mh	/	/	mh	mh	mq	əme	mʔ	m̩ʔ	m̩ʔ
	ㆭ	ng	ŋ	ŋ	ng	ng	ng	əŋ	ŋ	ŋ	ŋ
	ㆭㄏ	ngh	/	/	ngh	ngh	ngq	engq	ŋʔ	ŋʔ	ŋʔ
閩南方言詞典的〔界音法〕，i開頭的音節必定在前面加上y。例如 yi（伊），yiu（憂），yia（耶）。	ㄧ	i	i	i	i	i	i	i	i	i	i
	ㄧㄏ	ih	ĩʔ	iʔ	ih	ih	iq	iq	iʔ	iʔ	iʔ
	ㄨ	iu	iu	iu	iu	iu	iu	iu	iu	iu	iu
	ㄨㄏ	iuh	/	/	iuh	iuh	iuq	iuq	iuʔ	iuʔ	iuʔ
	ㄧㄚ	ia	ia	ia	ia	ia	ia	ia	ia	ia	ia

音價	音韻	本稿	台灣語常用語彙	台灣語諧音座	教會羅馬字	閩南話代用字南語辭典	一種閩南話	廈港方言	閩南方言詞典	台語方音符号	備考
iaʔ	iaʔ	iaʔ	iaq	iaq	iah	iah	iaʔ	iaʔ	iah	ㄧㄚㆷ	
iau	iau	iau	iau	iau	iau	iau	iau	iau	iao	ㄧㄠ	
iauʔ	iauʔ	iauʔ	iauq	iauq	iauh	iauh	／	／	iaoh	ㄧㄠㆷ	
ie	ie	ie	io	io	io	io	io	io	io	ㄧㄜ	
ieʔ	ieʔ	ieʔ	ioq	ioq	ioh	ioh	ioʔ	ioʔ	ioh	ㄧㄜㆷ	
im	im	im	im	im	im	im	im	im	im	ㄧㆬ	
ip	ip	ip	ip	ip	ip	ip	ip	ip	ip	ㄧㆴ	
iam	iam	iam	iam	iam	iam	iam	iam	iam	iam	ㄧㄚㆬ	
iap	iap	iap	iap	iap	iap	iap	iap	iap	iap	ㄧㄚㆴ	
in	in	in	in	in	in	in	in	in	in	ㄧㄣ	
it	it	it	it	it	it	it	it	it	it	ㄧㆵ	
iɛn	ian	ian	ian	ian	ian	ian	ien	ian	ian	ㄧㄢ	
iɛt	iat	iat	iat	iat	iat	iat	iet	iat	iat	ㄧㄚㆵ	
iaŋ	iaŋ	iaŋ	iang	iang	iang	iang	iaŋ	iaŋ	iang	ㄧㄤ	
iak	iak	iak	iak	iak	iak	iak	iak	／	iak	ㄧㄚㆻ	
iɔŋ	ioŋ	ioŋ	iong	iong	iong	iong	iɔŋ	iɔŋ	iong	ㄧㆲ	
iɔk	iok	iok	iok	iok	iok	iok	iok	iok	iok	ㄧㆦㆻ	
əŋ	iŋ	iŋ	ing	ing	eng	eng	iŋ	iŋ	ing	ㄧㄥ	
iek	ik	ik	ik	ik	ek	ek	ik	ik	ik	ㄧㆻ	

音値	音組	本稿	台灣語常用語發音	台灣語講座	致ㄇ一ㄗ字閩語辭典	綜合閩南語辭典	一種閩南話	鹿港方言	閩南方言詞典	合語方音符号	備考
i	i	iN	ih	iN	iⁿ	iⁿ	i	i	ni	ㄧ	台語方音符號裏有 1ㄨㄙ iun²
iʔ	iʔ	iNʔ	ihq	iNq	ihⁿ	/	/	iʔ	nih	ㄧˇ	閩南方言詞典的「界音法」以 u 開頭的音節前面必定加 w。例如 wu(于)，wui(為)，wun(溫)。
iã	iã	iaN	iah	iaN	iaⁿ	iã	iã	iã	nia	ㄧㄚ	
iãʔ	iãʔ	iaNʔ	iahq	iaNq	iahⁿ	iahⁿ	/	/	niah	ㄧㄚˇ	
iãũ	iãũ	iauN	iauh	iauN	iauⁿ	/	/	iãũ	niao	ㄧㄠ	
iãũʔ	iãũʔ	iauNʔ	iauhq	iauNq	/	/	/	/	niaoh	ㄧㄠˇ	
iõ(iũ)	iõ(iũ)	ioN	ioh	ioN	iuⁿ	iuⁿ	iũ	iũ	niu	ㄧㄨ	
u	u	u	u	u	u	u	u	u	u	ㄨ	
uʔ	uʔ	uʔ	uq	uq	uh	uh	uʔ	uʔ	uh	ㄨˇ	
ui	ui	ui	ui	ui	ui	ui	ui	ui	ui	ㄨㄧ	
uiʔ	uiʔ	/	/	/	uih	/	uiʔ	uiʔ	uih	ㄨㄧˇ	
ua	ua	ua	ua	ua	oa	oa	ua	ua	ua	ㄨㄚ	
uaʔ	uaʔ	uaʔ	uaq	uaq	oah	oah	uaʔ	uaʔ	uah	ㄨㄚˇ	
uai	uai	uai	uai	uai	oai	oai	uai	uai	uai	ㄨㄞ	
ue	ue	ue	ue	ue	oe	oe	ue	ue	ue	ㄨㄝ	
ueʔ	ueʔ	ueʔ	ueq	ueq	oeh	oeh	ueʔ	ueʔ	ueh	ㄨㄝˇ	
un	un	un	un	un	un	un	un	un	un	ㄨㄣ	
ut	ut	ut	ut	ut	ut	ut	ut	ut	ut	ㄨㄉ	
uan	uan	uan	uan	uan	uan	uan	uan	uan	uan	ㄨㄢ	

音價	音韻	本稿	台灣語常用語彙	台灣語歷史講	教會ロ一マ字南語辭典	現代閩南語辭典	一種閩南話	鹿港方言	閩南方言詞典	台語方言音符号	備考
uat	uat	uat	uat	uat	oat	oat	uat	uat	uat	ㄨㄚㆵ	
uaŋ	uaŋ	/	uang	uang	oang	/	/	/	uang	ㄨㄤ	
uak	uak	/	uak	/	oak	/	/	ũã	/	ㄨㄚㆶ	
ũã	ũã	uaN	uah	uaN	oa^n	oa^n	ũã	/	nua	ㄨㆩ	
ũãi	ũãi	uaiN	uaih	uaiN	oai^n	oai^n	/	/	nuai	ㄨㆮ	
ũãiʔ	ũãiʔ	uaiNʔ	uaihq	uaiNq	oaih^n	oaih^n	/	/	nuaih	ㄨㆮㄏ	
ũẽ	ũẽ	ueN	ueh	ueN	/	/	/	ũẽ	nue	ㄨㆤ	
ũi	ũi	/	/	/	/	/	ũi	ũi	nui	ㄨㆪ	
ũiʔ	ũiʔ	/	/	/	uih^n	/	/	/	/	ㄨㆪㄏ	

聲調標記比較表

調　　　類	陰平	上	陰去	陰入	陽平	陽去	陽入	軽声
音　　　調	─	＼	＼	＼	／	─	＼	
本　　　稿	1声	2	3	4	5	7	8	0
台　湾　語 常　用　語　彙				P			P	
教會羅馬字				P			P	
一　種　閩　南　話	44	53	11	32	14	33	33~44~55	
鹿　港　方　言	55	53	31	(2	24	33	45	
閩南方言詞典	44	53	21	32	24	22	4	
台語方音符号	55	51	11~21	32	14~25	33	4	
備　　　考	台灣語講座及現代閩南語辭典比照教會羅馬字。							

〔1984 年 12 月 15 日脱稿〕

（刊於《明治大學教養論集》通卷184期，人文科學，1985年）

（李淑鳳譯）

落入漢字的陷阱

——「福佬」、「河洛」的語源之爭

相對於客話的福佬話

　　將台灣話稱做 ho?-lo² 話，乃是和客家系台灣人的客話相對的稱呼。在我的記憶裡，既不曾在家中，也不曾在台南的街上聽到把自己的語言稱做是 ho?-lo² 話的，總是台灣話、台灣話地叫。我第一次聽到 ho?-lo² 話這個叫法，是在一九四○年春天，因進入高等學校而下榻台北時，由隔壁房的一位客家籍的學長口中聽來的。他有時會把「你們 ho?-lo² 人」或者「講 ho?-lo²話」等等掛在嘴邊。

　　話說這個 ho?-lo² 究竟為何義？若寫成漢字，應用何字？同樣的問題，在不止一、兩個人，而是相當多數的所謂文化人士之間，歷經了二、三十年，依然是甲論乙駁，不斷針鋒相對。在我看來，這就是一個典型的落入「漢字陷阱」的例子。

　　＊本稿所用羅馬字，大致以教會羅馬字為主。只有聲調記號用我個人的數字標記法。1 為陰平(高平)　2 是上聲(高降)　3 是陰去(低平)　4 為陰入(低平短促)　5 為陽平(低昇)　6 從缺　7 為陽去(中平)　8 為陽入(高平短促)　0 則是輕聲。

　　首先，就我所聽到的發音加以分析，第二音節的 lo²，若要以漢字表示，則「老」字應該是錯不了的。另外，ho?-lo²-ue⁷ 的重音核(以本調發音者)落在末尾音節的 ue⁷(話)，lo² 則變調，聽起來變成 lo¹，這也符合「變調規律」。問題在於第一音節。ho?-lo² 相當明顯地是一個複合詞，通常第一音節和第二音節不可分離發音。

　　為便於分析，我試著緩慢地發音，發現到變調的結果，聲調如同陰去(低平)，如對照「變調規律」，不難推測原來的聲調應為陽去(中平)的字。翻查字典，則可找到「浩、皓、禍、賀、顥、號、滈、鎬……」等候補字。

　　另外還有一個可能性，即以聲門塞音(-h)結尾的「高平短促」的陽入字。這在經過變調後，會成為「短調的陰去」。這回，字典就唯獨「鶴」(hoh⁸)字是有可能的。

　　假設將第一音節的可能性限定在「浩、皓、賀……鶴」等字，卻發現無論取哪一個字都無法和第二音節的「老」字拼湊成某個具正常意義的詞。如此看來，ho?-lo² 若不是相當訛誤的發音，便是具有特殊涵意的詞。(正因有此疑問，所以將 ho 的聲調以 ? 表示。)

　　自從我台北高校畢業之後，和學長們分別展開了不同的人生旅途。我第二次邂逅 ho?-lo²，是在大學研究室裡的林語堂的書本上。林語堂(1895~1976)為著名文學家，但同時亦兼具語言學家的身分，他有福建人的風範，撰寫了〈閩粵方言之來源〉這篇論文(收錄於《語言學論叢》，1933年初版)。

　　論文引用鍾獨佛的〈粵省民族考原〉(未見)，做了這樣的

說明：「客家之稱始於宋，福老之稱始於唐。」這讓我想起「原來學長所說的 ho?-lo² 是這個意思」。

　　這句話給剛開始著手台灣話系統相關研究的我極寶貴的啓示——客家話的形成最遲不晚於北宋，福建話則不會晚於唐。而且，福建話比客家話更爲古老！

　　林語堂及鍾獨佛皆以「福老」二字來指稱，至於實際上的發音，則未予標示。若沿用此漢字，福建話讀做 hok⁴-lo²（客家話則發爲 fuk-lau），如此，則第一音節經過變調依然保留 -k，僅產生陰入(低平短調)和陽入(高平短調)的替換而已。

　　再翻閱另一可謂台灣話最具可信度的文獻——《台日大辭典》（台灣總督府編，1932 年出版），則可見以下的說明：

　　　　ホヲロヲ　福佬。福建人。此語源自廣東種族的人稱呼福建種族的人時所使用的稱謂，(福)即福建，(佬)在廣東話裡爲依附在名詞之下的語尾，用以表示不好之意。如賊佬(小偷)、啞佬(啞吧)等等。

　　詞義的說明確實頗具說服力。唯獨發音——ホヲ如做陽平，則變調後成爲陽去(中平)，這倒和我的發音有了出入。認眞探究的話，使用頻率偏高的短語或慣用語經過長年累月的使用，而在發音上產生了變化，這本來就不足爲奇。譬如英語裡的 good-bye，便是由 God be with ye(神在你身邊)訛變而來，日語裡的「松ボクリ」實際上是從「松フグリ」(陰囊)訛轉而來。因此也無妨將「福佬」的 hok⁴，看做是一度變化成 hoh⁴ 之後(-k 弱化爲 -?)，-h 進而消失成爲 ho。如此一來，也算是了結一件事了。然而，世間總有人不想就此干休，相當麻煩。

「福佬說」對「河洛說」

台灣文化人士之一的林本元，我並不瞭解其人的經歷背景，他在《台北文物》七卷三期(1958 年 10 月發行)發表了〈福佬人乎河洛人乎〉，主張河洛是錯誤的，福佬才是正確的。會出現這樣的論文，或許意味著同時有人主張「河洛說」(可惜手邊並無相關資料)。

林本元提及：「福佬人乎？河洛人乎？這兩個寫法只有一音之轉。然而，究竟該用哪一個？有沒有來歷和理由？」他首先說明台灣的情況：「福佬：本省俗稱和老，是客話的訛音。」這番說明，和我從學長處聽來的發音及前述的《台日大辭典》的解釋大致吻合。接著他論斷道：「台灣話是本省的代表語，在福建叫做閩南話。那麼，這福佬二字的語源就是從廣東方面來的了。」

但事隔二十五年之後，我在一九八三年七月發行的《台灣文藝》83 期讀到一篇巫永福的〈河洛人談台灣話〉，受到的震驚猶如白日撞鬼。

巫氏說明了執筆的動機：

現在常常聽年輕人說：「台灣話有音沒字。」聽起來就感覺非常難過，也甚覺遺憾。由這些現象即可以知道年輕人實在太不瞭解台灣話是什麼話，也不知其傳統的來源了。

我從小就以台灣話讀『三字經』、『千字文』、『尺牘』與『論語』，雖然自進入公學校二年級以後，偶而由於家父的指導，讀一些漢書之外，至光復前都是以日本語文讀

中國古文、古詩，及翻譯的中國近代小說、或古典的紅樓夢、西遊記、水滸傳等，但光復後仍能以台灣話讀尚書、詩經、楚辭、三國志演義、東周列國志、鏡花緣、唐詩、現代詩等等，並無阻礙，即可證明台灣話是有音且有字。

這一段透露出巫氏的誇張及不合邏輯。要用台灣話閱讀尚書、詩經、楚辭……，是相當需要耐心的。然而，憑著可以用台灣話讀通古典，便說台灣話「有音且有字」，在邏輯上是頗奇怪可笑的。根據我自己上私塾的經驗，古典就得用文言音來讀。浩繁的漢字，凡是《康熙字典》裡列有反切的，便一定讀得出來。因此，「有音」是必然的事。但「有音」卻不等於「有字」。正如我不斷重複提及的，台灣話的基礎詞彙中，約有 15% 至 20% 至今仍然無法究明語源(不得以，才附以假借字)。

「肉」bah[4]「精液」siau[5]「乾」ta[1]「轉」seh[8]「要」bue2[4]「不要」m[7]「握」gim[7]「繼續」soa[3]「帶」chhoa[7]……。

自連雅堂(1878~1936)以來，包括如吳守禮之輩的名教授等台灣文化人士，潛心苦讀數百、數千年的中國古典，仍無法找出足以令專家們信服的正確漢字，巫氏沒道理不知此事吧。

巫氏的獨斷與偏見

接著終於進入正文，巫氏如此說：

記得小的時候，家父常說，台灣人稱為福佬人是不對的。正確的講法應該是河洛人，因河洛與福佬之語音類似，

致有訛音福佬之誤。河洛人在晉代以前都是住在古中原的黃河、洛水流域——陜西、山西、河北、河南、山東諸省(首都洛陽)，簡稱為河洛地區。巫姓的祖先自殷商時代就世居山西省平陽，故廳堂稱為平陽堂，且成為燈號。

五胡亂華初期，匈奴族作亂占據了平陽而設都，斬殺了東晉懷帝於平陽，後世稱之為永嘉之亂。因匈奴的鐵騎兇猛無情，踐踏了河洛地區。百姓為了避難乃結群逃亡，千辛萬苦地，一會兒東進一會兒南移，輾轉於山東、江蘇、安徽、江西、浙江而至福建定居。這是中國歷史上第一次最大的民族異動，本來古中原的人很輕視尚未開化的南方人，稱之為南蠻或南蠻子，所以到了福建之後，仍自尊地稱為河洛人，而對於原住的南蠻人，仍指為南番或番仔。

原住民即稱他們為河洛人，這些河洛人如前述係結群而來，人數也較多，一直保持著其衣冠習俗語言文化的完整，且一致團結，憑著揚子江的天險，守住了福建地區的安定，而未被北方的紛亂所影響，並壓倒了南蠻人的勢力，導致他們紛紛移住山區或南下移動至廣東、雲南或更南方的地區。

後來，所輕視的南蠻歸為國土，南蠻這個不雅的字眼多不再被使用，因南蠻與閩南在河洛語音裡相似，乃稱為閩南，但這閩字與蠻一樣在門中有虫，雖不如蠻字那樣直射，卻也掩不住其輕侮之義，故河洛或福佬人絕不肯被侮稱為閩南人，以便在人種上與南蠻或謂閩南人如傜族或福州人有所區別。

　　這一段，又見巫氏的獨斷和偏見。對於幼年時代父親所說的話深信不疑，這絕對是孝心的表現，然而，卻不足以做為學問的態度。

　　有關河洛的語源部分，留待後述的林本元的評論處再論，唯當中所提「定居於福建的漢族自己尊稱為河洛，南蠻亦稱漢人為河洛人」，這點可有根據？

　　蠻與閩確為同系的詞(蠻為虫＋音符䜌。指姿態或生活雜亂糾纏如蟲一般的人種。閩則為虫和音符門。意指沿海的原住民乃龍蛇之子孫)，由「東夷、北狄、西戎、南蠻」(《禮記》)這樣的前後文，可推知南蠻為四夷的一種。另一方面，閩南乃相對於閩北的地名稱謂，上位概念有閩＝福建，用法並不相同。

　　巫氏於他處查得巫氏一族的族譜，「本來一直相信中華民族都是黃帝子孫的觀念有所改變，卻知巫氏並非黃帝的子孫，而是與黃帝同一時代主持法事(或謂祭事)的神醫巫彭的子孫。」一方面輕視狄夷，一方面則以純正血統的漢人自誇。此乃中國人可恥的中華思想。既然做不成黃帝的子孫，當上與黃帝同時期的巫彭的子孫也好，難不成真的相信黃帝或巫彭是真有其人嗎？(有關族譜是何等裝虛弄假之物，請參考《台灣青年》224 期所收的拙稿〈韓愈名譽毀損騷動〉)。

　　巫氏獨特的邏輯尚未結束：

　　　　河洛人講的是什麼話呢，當然是河洛話了。在台灣，山地人講的是山地話，客人講的是客話，河洛人講的是河洛話。這些河洛話連綿至今已有幾千年，可以從詩經、尚書等

各種古書中尋求，也可以從移動後的河洛人口語中探究其古音。因爲語言是與生俱來，並由家庭世代代傳習，進而有文字形成其民族固有文化的特色，並隨著人的移動而傳開。因此河洛語音、語法自古以來一直流傳於其移動的地方，如福建、台灣。甚至也影響到韓國、日本、越南等鄰近的國家。例如現在語所用的「謝謝」，台語(河洛語)即爲「感謝」，而韓國與日本也與台語一樣是「感謝」，且其語音也相同。其他，韓國、日本的漢字讀音也是與台語類同。

　　而日本的漢字讀音，日本稱爲唐音、吳音更是明證。所謂唐音、吳音，唐音即是唐朝時代傳入日本的語音，或謂唐土之音，吳音即表示由吳國傳入日本的語音。葉夢麟先生在其《古音左證》一書中的第二篇指出，台灣話是晉宋以前眞正中國人的語言，一點也不虛。

應有基本知識

　　他所言之物，左看右看都跳脫不了中國人固有的白髮三千丈模式。漢語史在學術上可視爲三千年，並可劃分時代如下(引用自大修館《中國文化叢書　1言語》)：

(1)太古漢語(Proto-Chinese)　殷代～西周(前15～10世紀)

(2)上古漢語(Archaic-Chinese)　東周～春秋戰國～秦漢～三國(前7～後4世紀)

(3)中古漢語(Ancient-Chinese)　六朝～隋唐(5～10世紀)

(4)中世漢語(Middle-Chinese)　宋～元～明(11～16世紀)

(5)近代漢語(Modern-Chinese)　淸～現代(17~20世紀)

太古漢語主要以甲骨文爲主，文法多少可以明白，然因表意文字之故，音韻方面瞭解不易。上古漢語則透過探索詩韻，或利用中古漢語的投影法，得以獲得相當程度的理解，但仍殘存不少無法究明的部分，例如複聲母和聲調的實際調值等等。好不容易到了中古漢語，才得以利用切韻系統韻書的留存，將音韻體系重建至九成左右。

關於日本漢字音，巫氏所言未免過於粗淺。相信只要翻開日本的《國語學辭典》或《大百科辭典》，必能得到相當明瞭的說明——萬葉假名的由來過於艱深，此處不提。吳音乃傳承五、六世紀前後的南朝發音而來，漢音則略晚，傳承了七、八世紀前後的唐朝長安地方的發音，唐音更晚，乃傳承宋、元、明、淸之中國的發音而成(例如「行」，讀ギヤウ是吳音，讀カウ爲漢音，讀アン(ドン)則爲唐音)。

與台灣話的發音極相近者爲漢音——家(ka)、解(kai)、寄(ki)、高(ko)、九(kiu)、急(kip)、間(kan)、建(kian)、君(kun)、〔假名採歷史假名〕——不過，必須聲明此乃相當於台灣話的文言音(白話音則情況複雜)。之所以近似，有其道理，乃因台灣話的文言音推定是傳承自唐末河南固始的方言音。河南地處中原圈，接近長安音。不過，並非完全一樣，這點相當重要，有必要順便在此提醒諸位留意。

唯有台灣話(福建話)保存了古老的音韻和語法之類的說法，恐屬謬論。既然爲同系的語言，不論是北京話或吳語(上海話)，不可能沒有傳承古老音韻與語法。這或許是出於主張台灣話正統

性、純粹性的心態,然而,語言之傳承與傳播的相關樣貌極其複雜,學者們務必慎重為要。

只不過,就現今的音韻體系加以相互比較,或許可以說,台灣話確實在北京話、吳語、粵語(廣東話)、客家話中最為「保守」,另一方面,北京話則為「革新派」。保有 –m、–n、–ng 三種鼻音韻尾,及 –p、–t、–k 三種入聲,即為保守性的證據之一,北京話除了在鼻音韻尾上喪失了 –m 之外,入聲全數消失,這點很明顯地最具革新色彩。但不容許做出保守即優秀、革新即落後之類的價值判斷。

在保有 –m、–n、–ng 和 –p、–t、–k 這點,廣東話與客家話皆然,但倘若就音韻的其他部分或詞彙方面綜合加以評斷,台灣話(福建話)絕對是最具保守性格的。故而,與北京話的關係最疏遠的便是台灣話。我曾在《言語研究》38期(日本言語學會,1960年9月發行)發表的「從語言年代學試論中國五大方言的分裂年代」中,嘗試以數字來說明此種親疏關係,這已是二十五年前的事了。

漢族大遷徙不可輕信

其實早在巫氏藉《台灣文藝》主張「河洛說」之前,台北市文獻委員會「常任委員」吳槐便於一九五九年初至六一年間,在《台北文物》(8卷至10卷)連載了〈河洛話叢談〉,次數約為十回。作者試圖自中國的古典中發掘台灣話的語源,算得上是連雅堂的翻版再翻版。同樣未做發音標記,解釋亦牽強附會,只能算是一篇自我滿足的文章。吳氏在此之前便在《台北文物》四卷三

期(1955年11月發行)，刊載了〈河洛話(閩南語)中之唐宋故事〉，或許因而產生繼續寫下去的興致吧！

內容不過這般程度而已(另請參閱後述)。連著數期的文章裡，不斷出現河洛話、河洛話，在當時自然便成了「河洛說」之有力支持。若說後來「福佬說」曾捲土重來的話，那還能理解，只是在並沒有的狀況下，巫氏何以至今仍主張「河洛說」呢？理由令人百思不解。

其實林本元撰寫前文〈福佬人乎河洛人乎〉，是在一九五八年十月左右，這樣看來，非但等於被吳氏完全漠視，如今更遭受到巫氏的批判。我個人認為，林氏才是有理的一方。或許稍嫌冗長，但不失為「漢字的陷阱」的最佳範例，在此引用林氏之文：

> 中國本部，在黃河流域地方，中國本部人是漢人，古夏、殷、周三代的君主都在河洛之間，老百姓因為各種的關係，許多南移。黃河的水源出自青海巴顏喀喇山的喝達素齊峰下，東入甘肅；經綏遠、長城、山西、河南、河北、山東；奪大清河故道入海；長八千八百多里。洛水出陝西，流入河南；至洛口入於海，比較黃河短得多，若說河洛之間，只有陝西和河南兩省，其他就不接近洛水了。

首先要指出，林文根據地理學上的知識，我要指出其將河與洛湊成一個詞是不對的。那是書本上的知識，自不待言。緊接著還將《家禮會通》、《古今萬姓統譜》等不盡可靠的書籍予以囫圇吞棗，把什麼姓氏自何處南移加以全盤羅列：

　　由陝西省西河南渡的林、卓、靳、宰、毛；由扶風南渡的馬、魯、竇、萬、祿、班；由穎川南渡的陳、鍾、鄔、賴；由武功南渡的蘇。由河南省武陵南渡的干、廖、邱、陸、方、蕭、俞、褚、龔、顧、冉、龍；由汝南南渡的廖、藍、江，周；由南陽南渡的白、韓、葉、樂、鄧；由內黃南渡的駱、于；由陳留南渡的阮、虞、謝、伊；由譙國南渡的曹、戴、稽、逢；由睢陽南渡的江；由新安南渡的古；由弘農南渡的楊；由新鄭南渡的余；由頓邱南渡的葛、司空；由滎陽南渡的潘、鄭；由光州南渡的郭、詹、花、曾等各姓，都可以說是河洛人。

　　但由湖北江陵南渡的熊；由江夏(武昌)南渡的黃、賈、安；由江蘇彭城南渡的劉、錢、金；由延陵南渡的吳；由沛國南渡的朱；由下邳、宜興、安溪南渡的闕；由會稽南渡的夏；由浙江吳興而來的姚、施、尤、沈、明；由江西入閩的何。

　　以上姓氏不但不是來自洛水，也不在黃河流域。可是如將他們視為非河洛人加以排除，豈不是很不合理？

可資參考的和田、桑原說

　　簡直就是百家姓全體總動員。難道他本人也真的相信？不過，倒是如其所述，南渡而來的漢人並非全是以黃河、洛水流域做為出發點的。

　　四世紀初，匈奴、羯、鮮卑、氐、羌這五胡自西北入侵中

原，為逃避入侵者的迫害，多數漢族南遷亦是不爭的史實。只不過若認為漢族全數逃向南方，則太過誇張，與史實亦不合。此時有需要冷靜下來看看南北朝當時中國的社會情勢。所幸尚有不少中外學者能從政治、經濟、社會、文化各方面去加以考察，在此引用兩位東洋史權威的日本人和田清及桑原騭藏的著書為例。和田氏於《中國史概說　上卷》(岩波全書)中敘述道：

> 論及晉室南遷時，少數上流社會，亦即所謂衣冠士大夫們，幾乎皆遷徙至南方，但大多數下流社會，亦即所謂閭里小人，則大體上皆停留於華北地區。於是南遷之士大夫立刻成為江南的主人翁，在他們努力開發南方的同時，停留於北地的民眾則在政治、軍事上遭受著北方民族之統治，然而，在文化、社會上卻成了將統治者漢化的原動力。進入華北的戎狄，雖為戎狄血統，但在文化層面上，則為自漢魏以來逐漸漢化的人們，因此當他們進入中國後，自然便在統治中國人民的同時，更加深了中國化。(105頁)

桑原博士更對北朝統治下的漢族做了詳盡的敘述。〈晉室之南遷與南方的開發〉(弘文堂，昭和2年發行，《東洋史說苑》所收)中提及：「晉室即便南遷，多數漢族依然居住於北方。儘管華北的主權已經移轉至匈奴、羯、鮮卑、氐、羌之手上，漢族人才仍受到各種族之重用。」(107頁)又〈由歷史看華南的開發〉(同書)中：「毋庸贅言，漢族遭到了相當的輕視與虐待，他們不稱漢族而喚以漢狗，或喚做一錢漢。漢即漢族(中國人)，漢狗則意指像

狗一般的漢人，一錢漢意為一文錢奴才的漢人。舉凡卑劣漢、無
賴漢，乃至癡漢、惡漢、沒曉漢等，在痛罵他人時，皆加個
『漢』字，想必是始於五胡時代以後的習慣。」(141頁)

縱使在異族統治下遭受莫大的蔑視、欺凌和壓榨，甚至連性
命亦不保，卻仍無法輕易地棄故鄉而去，這就是庶民的悲哀。舉
個淺近的例子，中日戰爭爆發，不知有多少中國人不願生活於日
軍占領下而逃亡至內地。如為達官顯要或豪族世家，或許會選擇
逃離，然而，一般市井小民多因缺乏在陌生之地求生的信心，恐
怕終歸只有留在家鄉一途。日治時代的台灣又何嘗不是如此呢？
無論巫永福抑或林本元，把中原描述成宛如一座空城的說法，無
疑是大中華思想的過敏反應，實非做學問之道。

在東京的「甌駱說」

我以為諸如林本元、吳槐以及巫永福之輩，或許因為身為文
獻委員會內部的文化人士，或許為該組織周邊人物的關係，方才
得閒寫些毫無意義的文章。我在《台灣文藝》九〇期(1984年9月
發行)看到由旅居東京的青年研究家許極燉所寫的〈台灣文學需
要充實維物素〉一文，對於該文所提倡的「甌駱說」，我著實受
到了衝擊。

許氏之說如下。古代浙江人(東越、東甌)、福建人(閩越)、廣
東人(南越)、廣西人(駱越、西甌)以及越南人(甌駱)統稱「百越甌
駱種」。「甌駱」是「ho-lo」音的假借字。漢人對於自稱「ho-
lo」的人，假借漢字「甌駱」來稱呼他們。甌與越通。駱的京音
是「luo」，台語「lott」，越南語音為「latt」。後來越南人自

稱「latt」族，福建人襲稱「ho-lo」，而改漢字的「甌駱」為「福佬」，讀京音變成「fu-lao」，閩音為「hok-la」，而廣東音也變成「hok-lo」了。

完全顛倒是非。相較於林氏、巫氏透過中原正統漢族探尋語源的做法，許氏則將目標擺在閩越族身上。自由想像之程度，恐怕不是居住在台灣島內的文化人士所能辦到的，只是這樣的假設若無法成立，就更徒留笑柄了。

究竟憑藉什麼說「甌即為越」？甌越之甌乃修飾成分，為一地名。《史記　趙世家》記載「夫翦髮文身，錯臂左袵，甌越之民也」(短髮刺青，雙臂塗藍彩而衣服向左開襟者，為甌越之民)，從它與東越、閩越、南越並稱的情形來看，應是所謂百越族當中的一支。

甌在上古音屬侯部陰聲(與區、歐、謳……同組)，讀做 'ûg，中古音變化為侯韻 əu。與 ho 音毫無關係。按道理，毫無關聯的音不會取來做假借之用。

另外，駱在上古音為魚部入聲 lak(同組有洛、格、絡……)，中古音則為鐸韻 lâk。北京話讀 luo。而台灣話應讀 lok，讀為 lott 是錯誤的，因為原來台灣話便不存在 on、ot 的韻母。其次，越南漢字音(來自中國的借用音)做 lak(落、駱、峈、樂……)。(注：三根谷徹《越南漢字音の研究》東洋文庫，1972 年刊)至於說後來越南人自稱為 latt 族這一點，有必要提示論說的根據。許氏並稱，隸屬閩越族的福建人將甌越改為福佬，然而，將完全不同發音的字拿來用，根本是說不通的。

許氏之「甌駱說」與林景明《知られざる台灣》(三省堂，

1970年1月發行)中的說法相當接近。

林氏道:「不妨注意一下,此處(王注:《史記　南越尉佗傳》)將福建人稱呼為甌駱人這一點。甌駱在台灣話的發音為 olok,中國話的發音為 ouluo,當時的福建人並無文字,將這個漢字拿來充當使用,很明顯的是漢人所為。大概是由於當時的福建人以 holo 自稱的緣故,口音上稍微訛化而寫成甌駱。這和福建系的現代台灣人自稱是 holo 人的後裔,是不謀而合的。這支可能會被錯當成馬或駱駝一類的甌駱人,於是漸漸被漢人所同化,當慢慢地被看待為人類的一族之後,便寫成〈福佬人〉,才恢復 ho 音。」(41頁)

甌在台灣話分別有 oˊ(文言音)和 au(白話音)兩種發音。一般而言,白話音早於文言音,故而從前發 au 的可能性極大。另外,在北京話讀做 ou,林氏的記述並不正確。

至於當時的福建人(閩越族)自稱為 holo 這一點,亦為憑空杜撰之說。因此,所謂由於發音訛化而寫成甌駱的說法,便益顯欠缺根據了。總之,「甌駱說」與「河洛說」同樣缺乏科學根據,或者應該說,沒有比這更離譜的了。

台灣話屬於漢語

何以將操 ho?-lo²-ue⁷ 的福建人及其一支的台灣人,稱做是越族的後裔呢?我想起了昔日廖文毅所組成的「臨時政府」曾為了主張台灣人應該獨立,提出台灣人與中國人為不同混血民族之說做為立論——「先天上我輩傳承了印度尼西亞、葡萄牙、西班牙、荷蘭、福建、廣東以及日本人等等的血脈,亦即融合了原住

民、漢、和、拉丁、日爾曼諸民族的血統。」(1965年12月發行,
廖文毅《台灣民本主義》p.40)雖說「越族後裔說」與廖文毅的「混
血民族說」充其量不過是劣等酒和綜合啤酒之別,但出發點則都
同樣是源於主張漢族的中國人與台灣人為不同人種的動機。

　　不消說,二者皆是信口開河之論。如此這般地胡說八道,將
使得加入獨立陣營的台灣人的智能受到質疑。正如美國人和英國
人同屬盎格魯薩克遜種族一般,台灣人和中國人是可以同屬於漢
民族的。更無法否認台灣話和北京話皆屬漢語中的一派。與北京
話的音韻、詞彙不一樣的,不只台灣話,吳語、粵語和客家話也
都分別有異。這些原本皆是由同一個祖語(parent-language)分枝
成派,在不同的地理環境下,經歷了歷史變遷,結果才成了今日
這般各有所異的情況。

　　隨著林氏「越族後裔說」的發展,最後竟然指稱與台灣話最
接近的為泰語、越南語,同時藉由挑出幾個單字做比較,自以為
是地比論為「分毫未差」,用以自圓其說。劃分言語的親疏關
係,在言語學上屬大事,因此需要透過更複雜的手續,絕不可隨
隨便便下斷論,必須體認到治學問的嚴謹。

　　至於倡導「越族後裔說」的起因,想必是苦於台灣話裡有太
多寫不出來的詞彙,才會轉而認為台灣話可能不屬於漢語系統。
現在都還有一些人會向我問起這個問題。

　　他們所認為的無字可供書寫的詞彙中,有九成我認為是寫得
出來的。我很想斥責這些人不知檢討自己的不用功,然而又想
到,或許這是由於缺乏教導台灣話的合宜設施和教材所導致的結
果,想想亦是無可奈何之事。誠如先前所述,即使是我,也會遇

到語源不明的詞彙，只是我總會認為這得歸咎於自己功課做得不夠，從不會亂下「非漢語系統」的定論。

福建乃閩越的故地。向福建發展的漢族，與閩越族之間有一段共存時期是必然的(比南北朝更早之前)。其間，有部分詞彙借用自閩越族亦屬可能，今日那些語源不明的部分詞彙或許就因此而來，這樣的懷疑絕非不合理。倘若將來能發掘到一些與閩越族語言相關的雕刻或木簡以資研究，是再好不過了，但現在幾乎是空白的。古代越族隸屬於泰語系，乃有力的學說，果真如此的話，從現代泰語系種族的語言中，應該不難找到些蛛絲馬跡，然而事實上並無所獲。這說明了那些語源不詳的詞彙，仍舊得從漢語的文獻資料探索才是正統的方法——目前正逐漸被發現當中——我的做法是，到了無論如何都找不著的地步時，才去考量借用自閩越族的可能性。

語源探究的態度與條件

爭論福佬？或河洛？皆是由於想主張台灣人為漢族的正統，同時這些正統漢族的台灣人所講的語言才是真正的、有格調的中國人的語言。相較之下，他們認為北京話的勢力範圍在華北，長期受戎狄語言的壓迫和影響，樣貌已經明顯地改變成今日的模樣，但結果北京話反倒成為權威的「國語」，台灣話反而淪為方言之流，豈能容許如此主客顛倒、不合理之事呢？為了伸張台灣人的權利，高唱「台灣人是這麼純粹正統的中國人」，這難道不像一幅畫著奴隸極欲得到主人的賞賜而跪地哀求：「主人啊！我是如此忠實的僕人呀！」的畫嗎？諸如此類的文章，縱使寫了百

萬遍，也改變不了蔣政權消滅台灣人的語言政策。反倒有可能在
寫的過程中自我陶醉，相信自己是「正統中國人」，進而產生視
獨立運動為叛逆的危險性。

　　這些人為了把台灣話的正統性具體地證明給世人看，找遍了
淵博的學者專家才會去看的艱深文獻，試圖發現台灣話的語源。
(動機與我全然迥異，我是由音韻切入，比他們有要領。)然而就算這不
致海底撈針，也是相當困難的作業。首先需要時間和耐心。如此
一來，有資格的，就剩下一些願意付出時間和耐心去整理一些文
章，或賺取稿費，或撰寫碩士論文之輩的人士了。

　　但就算有時間、有耐性，缺少了重要的東西還是不成的。治
學的學問是不可或缺的，也就是意義論與音韻論，尤其是後者。
意義論(semantics)並非我的專業領域，瞭解不深，大體上，將其
視為一門考察意義如何變化的學問應無不妥。其中，尤其有必要
事先理解隱喻(metaphor)、換喻(metonymy)、提喻(synecdoche)、強
喻(catachrese)，甚至是「詞義的縮小」(degeneration)和「詞義的擴
大」(elevation)等事項。

　　這不同於中國傳統訓詁學。訓詁學乃是將古典中的字句的意
思替換成當今的語言，再加以解釋，此時腦中經常迴繞有「不可
違背聖人教誨」的強迫性觀念，以致很難像西方人一樣自由闊達
地思考。另外，依據字音解讀字句，所謂音義說相當盛行，這其
實也是利弊參半。

　　熱衷於語源探究的文化人士，泰半對訓詁學有信心，擅長旁
徵博引，唬弄外行人。不過我想，能精通古典確為過人之技，只
是所下的苦功與收穫未必成正比。

　　大體上，現存的古典或字書之類，乃屬中央文化圈所編纂，使用的語言自然是當時的標準語、標準文體。必須知道這些記載內容是經過代表公家權威的編纂者篩選過的。也就因此，遠離中央文化圈的地方方言或事蹟往往被忽視，偶有記錄地方之事，還得慶幸能得到編纂者的青睞。於是偶爾會發生當時以標準文體記載的內容，後世的標準語卻無法解讀，反而要靠方言才能理解的案例。

　　前者之例，如囝字未出現於《廣韻》(北宋陳彭年等編輯，1008年刊行。收錄 26194 字)，卻收錄於《集韻》(北宋丁度等編輯，1073年刊行。收錄 53525 五字)。「囝　九件切、閩人呼兒曰囝」，此乃由於《集韻》是採比《廣韻》收錄更多字爲方針的緣故，方才得以納入收錄之中。《集韻》與《廣韻》可視爲同時代。大概不致有人會認爲福建話把小孩稱做 kiaN^2(已有囝字)是始於《集韻》的時期吧？因爲福建話的 kiaN^2 在很早以前便有了，此乃衆所皆知的事。

　　後者的例子，《世說新語　德行第一》(宋劉義慶編輯，五世紀中葉成書)中有一句「長文尙小，載著車中」。漢文讀法爲「長文は尙お小にして、車中に載著す」(長文尚幼小，將其置於車中載行)。北京話讀做 zài zhe chēzhōng。

　　記得有一次上倉石武四郎教授的討論課，我舉手發問：「『著』是否應讀去聲 zhù 才對呢？我的方言裡讀成 chai^3 ti^7 chhia^1–tiong^1，載在車中，相當順暢。確實『著』亦有入聲 tiok^8 的發音，但意思做〈中〉，並不適用這個場合吧？ti^7 爲〈在〉之意，我認爲這才是原文所用的意思。」倉石教授沈默了

一下，說道：「王君的方言資料很有意思。」

　　這樣的例子可算是意外的發現，真要刻意去找，只怕會是一件沒有效率的工作吧?!

　　從事學術文化工作的人，最弱的便是音韻論，且泰半由於是弱點，故而不太放在心上。缺乏音韻論常識的語源探究，可比是單翼飛行的飛機一般，危險之至，令人不忍卒睹。

　　再舉個例子。吳槐的〈河洛語叢談(六)〉(《台北文物》九卷二、三期合刊、1960年11月發行)中的一條。

　　　「號：譹也，亦作呼。《爾雅釋文》譹又作呼。《詩　碩鼠》號呼也。《說文》同。號通作嚎。《冀州從事郭君碑》云卜商嚎咷，即《易》云號咷也。釋話云號鳴也，號亦哭也。《左　宣十二年》號而出之，號哭也。俗謂哭泣或鳥鳴亦曰號。號音如哮上聲。案古號嚎哮通。《郭君碑》之嚎咷即《易》之號咷。嚎一音虛交切音哮，《說文》虖哮虖也。哮虖即號　譹也。俗作哮上聲，亦古音之遺也。」

　　相當精簡的文言文，就連中國人恐怕也沒幾人能寫得出來。可能他想炫耀說：台灣人之中也有人能寫出這般的文言文呢。吳氏極力說明 hau² 〈哭、啼〉的語源為「號」，只可惜意思、音韻上的解釋皆難使人信服。〈河洛語叢談〉每回皆是這般情況。

　　依我看，hau² 的語源為流攝開口一等上聲厚韻曉母的字「吼」ho˙²的白話音。侯、厚、候韻的字文言音做 o˙，白話音做 au，同類字如「頭、豆、樓、走、講、候、後……」，可說

不勝枚舉。其次，意義上《廣韻》做「牛鳴也」，重點在於發出大聲音，這點與現在的用法並無多大出入。

中國語言學家周法高曾為文嚴厲抨擊吳守禮於一九五七年在中央日報《學人週刊》連續刊載的有關語源探究的論文。(注：〈從「查晡」「查某」說到探究語源的方法〉。原載於1961年10月《大陸雜誌》23卷7期。今收錄於1963年5月發行、周法高編著的《中國語文論叢》)對於吳守禮引例旁徵博引，推定〈男〉cha¹-po⁻¹的語源為「查晡」、〈女〉cha¹-bo⁻²的語源為「查某」一說，斥為錯誤的說法。雖然是中國人，對就是對，我也完全贊同，說實在的，台灣文化人士在此時應該要好好地銘記在心才對。

周法高從意義和音韻的角度，詳實論證「查晡」「查某」並不正確，並表示：「最後我要給對閩南話的語源探求有興趣的人士一個忠告。首先，得要好好掌握閩南話的音韻體系，然後得理解閩南話與中古音的音韻體系之對應關係的梗要，可能的話，進一步具備上古音的音韻體系與其他方言之音韻體系的常識更佳。」

說歸說，音韻論可是一門艱深的學問。日本漢學界自古有言：「韻鏡十三年」，意即要能精通中古音的音韻書中的一冊《韻鏡》，得花上十三年的時間。周法高的忠告看來是未被採納，因為吳槐的〈河洛語叢談〉寫在其後，其他尚有多本單行本出版：

孫洵侯《台灣話攷證》1964年5月

亦玄《台語溯源》1977年1月

黃敬安《閩南話考證》1977年5月

更甚者，還有巫永福於《台灣文藝》九二期(1985年1月)發表

了一篇論文〈知也不知也夕暴雨〉。「夕暴雨」？乍讀之下不解其意，原來是說這才是 sai¹-pak⁴-ho’⁷ 的正確語源。我在《台灣語初級》(日中出版，1983年5月)提過，用「西北雨」這個一般人熟知的詞即可，看來巫氏並未有機會讀到此文。

　　撥開漢字的叢林，進行一場語源探索的冒險，這聽起來煞是浪漫，其實，應該把它譬喻成陷入漢字的陷阱拚命掙扎才比較貼切。為文者或許想讓世人見識他的學識而洋洋自得，然而，台灣的文化人士應該有其他更值得去做的事。正值民族延續或滅亡的緊要關頭之際，豈可將時間與精力耗費在這般無生產性的事物之上呢？

　　偏激一點地說，語源的問題無關緊要。或使用能懂的假借字，或使用教會羅馬字標記等等，總之，該採效率第一主義進行。漢字阻礙了中國的現代化，其所散發的毒素，已使中國人自己中了毒，台灣人還要重蹈覆轍嗎？

(刊於《台灣青年》295～296期，1985年5月5日～6月5日)

(李淑鳳譯)

漢字的死亡公告

　　在台灣報紙上經常可以看見「訃聞」，引此為例，誠感惶恐。訃聞雖不知始於何時，但似乎已經有固定的形式了。內容約莫為：某某死於何時、享年多少、葬禮何時、遺族有些什麼人等等，可謂要點分明。要點分明自是件好事，但要能正確地閱讀它，可就得花上好一番功夫。

　　　顯妣、諱美。慟於中華民國六十九年十月四日上午十一時二十分壽終內寢，距生於民前十九年國曆十月廿四日，享壽八十有八歲。孝男 ○○、○○ 等親視含殮，遵禮成服。謹擇於民國六十九年國曆十二月十三日，農曆十一月七日（星期六）上午七時，於淡水喪宅設奠家祭後，移靈台北市民權東路台北市立殯儀館景行廳，於十一時舉行公祭，隨即發引安葬於台北縣八里鄉觀音山麓墓園。叨在鄉誼、學誼、寅誼、世誼、戚誼、友誼哀此訃聞。

　　我邊翻字典邊請教漢文專家，總算讀懂了。
　　顯妣意指亡母，女人在自己家中壽終正寢稱為內寢。國曆即新曆，後面的農曆則是舊曆的對稱。含殮是指入棺，習慣上會令

死者口中含玉進行入棺。成服意即服喪。喪宅指的是有人過世的家宅。設奠是說籌設祭典，家祭則爲家族內的私人祭典。隨即是馬上的意思，發引指的是將棺木置於車上載送前往墓地，引乃是綁於車前拖拉用的繩索。寅誼指的是同事間的情誼，世誼則是原本就和先祖有往來的世交關係。訃聞則是死亡的通知。

即使是不孝的子孫，訃聞上亦必然會出現「慟於」、「叨在……哀此訃聞」之類的詞句，這倒讓我想起了「繁文縟節」這句話。這類的訃文被視爲見怪不怪、理所當然，我想這正好也反映出現今社會的非現代化。

最近收到長老教會的報紙，《台灣教會公報》也刊登了類似的訃聞。「先室〇〇女士，慟於主後一九八四年十二月十四日上午十時十分，蒙主恩召，安息於主的懷中」，僅僅把開頭的部分改得較有基督徒的味道之外，後面接的「叨在……哀此訃聞」則幾乎是一模一樣的。讓人不免訝異，即使比較進步的基督徒，竟也墨守著同樣的形式(one pattern)。在中文裡，罵人稱王八蛋（發音和 one pattern 類似），恐怕就是起源於此吧?!

那麼，同樣是訃聞，日本的情形又是如何呢？他們是以非常流暢的口語形式書寫的，鄭重的用詞頂多像「父〇〇〇〇儀」而已。「儀」在《廣辭苑》裡的解釋爲：「添附於表示人物的體言之後，用以表示主題。如〈私儀〉、〈方儀〉。」先提示主題之後，接著死於何病（台灣是不提死於何病的）？死時幾歲？喪家是誰？要點全部明明白白，當然也會載明葬禮及告別式的時間、地點。

西方人的情況又是如何呢？我拜託了教英文的同事代爲查

詢，同事於是給我看了放置於研究室桌上的，一九八〇年三月五日的《The Times》的訃聞 Deaths。試將其中二篇翻譯如下：

「BAKER，2月27日突然但無痛苦地死於自宅。Valentine・Edward・Anne 所摯愛的丈夫，David, Peter, Rose, Chris 和 Julian 的父親。葬禮於昨日舉行。」

「〇〇〇的愛妻，〇〇〇及〇〇〇和〇〇〇……的母親，81歲。於〇月〇日〇時〇分，假〇〇〇教堂舉行告別式暨納骨儀式。懇辭追悼文。」

如此便足夠了。誰說非得洋洋灑灑的華麗文句才能表達遺族的孝心？誰又能保證死者會因此而得以往生極樂天國呢？

第二個例子。我曾收過以禮盒包裝的台灣土產筍干。贈送的人說那是主要產地南投縣的產品，味道最道地最好。禮盒裡面除了筍干的廣告單以外，還放有宣傳金針、烏龍茶、香菇等等「南投縣農特產品目錄」，並且還附有農會總幹事某某的推薦信，內容如下：

敬啓者，時值仲秋跂臨之際，忖思業務順暢達願，績昇盈盛。維如祝持。

這是典型的書信文體裁。通常字典裡不會有跂臨這個詞，大概是指中秋的腳步近了的意思。忖思即想像之意，順暢和達願都

是臨時造出來的，字典裡所沒有的詞。績昇和盈盛則很明白的是指業績上升，盈餘愈來愈多的意思。

後頭還寫著「南投縣境崇巖疊嶂，重山峻嶺節氣宜物，最宜栽培獨特農特產品」。簡直是難字難句大集合。然而，不能因此稱之為好文章。身為農民團體的農會，為了要讓更多人來購買農產品，有必要使用如此困難的漢字，寫出一點也不高明的文章嗎？以訃聞來說，或有其使用嚴肅語詞的必要性，但商品的宣傳廣告，清楚明白才是最緊要的。之所以這樣做，恐怕多半是抱持著「透過洋洋灑灑的漢文可提高商品價值，獲得對方的讚嘆」這樣的心態吧？

這就是一種漢字威權主義、漢字中毒的現象。台灣人必須從這個病態中脫逃出來。算計著如何透過書寫大量困難的漢字去威脅對方，是不明智的，台灣人萬不可屈服於這樣的脅迫，更遑論去仿效這種威脅的方式。在此我要提醒所有的台灣人：用漢字書寫的訃聞，同時也是漢字本身的訃聞！

（刊於《台灣青年》297期，1985年7月5日）

（李淑鳳譯）

【附錄】

台語書寫上的問題點

　　由同鄉會所主辦的第二屆演講會，係於 1975 年 11 月 15 日下午兩點至五點，邀請擔任副會長的明治大學教授王育德博士，進行有關台語的演講。

　　王博士自從 1950 年於東大復學以來，長年來一直投入台語的研究至今，目前於東京外語大學及東京教育大學擔任台語課程的講授，可說是台語研究的權威。而且他在 1969 年春天，以「閩音系研究」的論文取得東大文學博士學位。

　　在這場演講中，王博士除了針對台語的書寫方式，明白指出幾個必須解決的課題之外，同時還介紹目前最普及的教會羅馬字系統，並且論及將來發展的可能性。

嚴酷的現實

　　許多人或許會誤以為只要是台灣人，就必然對台語有一定的瞭解，這可說是天大的誤會。

　　相信有許多台灣人，在日常生活中以台語交談時，發覺夫妻、前輩與晚輩乃至於朋友之間，在言詞用語上存在著如此多的微妙差別，不免對自己產生厭惡感。比如說，「雞」可以讀成 koe 或 ke，而「同鄉」則可以讀作 tonghiang 或 tonghiong，而「代

表」中的「代」字，既可以讀成中國話的下降調，也可以讀作中平調，而「決定」中的「決」則可以發 koat 的有氣音或無氣音……大多數的人都覺得這只不過是「腔調」的不同，以爲這並不重要，只要能夠溝通就好。

這正表示台語的用法已混亂到這種地步。所謂自由、民主，似乎並不適用於語言上。長此以往，將無標準可循，不僅讓台灣人對台語失去信心，最後甚至會導致彼此無法溝通的下場。

正因爲大家並未努力建立規範，台語的用法才會益形紛亂。再加上外來統治者屢屢將自己的語言當作「國語」強加在台灣人身上，把台語打成所謂不入流的方言，更有甚者，甚至視台語爲敵對的語言，身處如此被壓迫命運的台灣人，也難怪無法致力於台語標準化的工作。

日本人把語言稱爲「言靈」，其重要性如同每個人的靈魂一般。換句話說，語言就是一個民族的符號，套句現在的流行話，語言也是凝聚民族認同感的重要因素。說得極端些，一旦失去了語言，一個民族也就形同滅亡了。

幸好台灣人還沒有失去台語。但台語的混亂不就證明台灣人在精神上未能團結一致嗎？

語言的功用絕非僅止於溝通彼此的想法，這只不過是最基本的前提，更深一層的階段，包括作爲証據、資料的保存功能，乃至於詩歌、小說等文學創作的功能，甚至於滿足教育及文化創造的功能等等，這些都是眾所周知的重要機能。

如此一來，書寫方式便成了無可避免的重要課題。沒有書寫方式的語言，其存在本身都會發生問題。台語用法之所以面臨如

此紛亂的局面，書寫法的付之闕如也是一個重要的原因。唯有先確立書寫方式，方能以文字重現一個人所使用的台語，並且在適當的時間與空間進行檢驗。

漢字的瓶頸

由於王博士演講的重點在於台語的書寫方式，因此他特別準備了「歌仔冊」的〈對答磅空相褒歌〉、《新約聖經》的〈馬太福音〉，以及《白話字實用教科書》(台灣教會公報社)等三種不同的資料。

他首先請台下的聽眾輪流讀「歌仔冊」裏頭的內容。

　　朋友弟兄您正人，有榮來听打磅空，相褒句豆眞丿送，不才宋个帶基隆，宋个一生愛出外，着是專門塊編歌，歌仔四句卻眞瓦，句豆做了足成話……

有些人是第一次看到這種「歌仔冊」，但沒有一個人能夠完全正確地讀出來。

「歌仔冊」可說是台灣民間文學的代表作品，從大正末年到1936年之間，曾經在民間廣泛流行，當時每本售價只要二錢，一次購買六冊還可享優待價十錢。其實有關「歌仔冊」的來龍去脈，王博士曾經於《台灣青年》雜誌中，在四次連載的「台灣語講座」中有詳細說明。

其實「正人」的正字應爲「衆儂」，「榮」爲「閑」的誤字，「打」爲「拍」，「豆」則爲「讀」，「丿」本身即爲正字無誤，讀作 phiat。「个」的正字應爲「兮」，「基隆」則爲「鷄籠」，「塊」讀作 te，「瓦」的正字應爲「倚」。

在說明完這些疑點之後，王博士還特別強調，在閱讀漢字書

寫的台語文章時，必須先區分其用字屬於「文言音」、「口語音」及「假借字」中的哪一種，才有辦法順利瞭解內文涵義。

此外，在地名與人名等專有名詞部分，亦可分為原有的自然發音及讀音兩種方式，由此可知，漢字的書寫法並沒有一定的遵循規則，例外可說是常態，因此對使用者來說十分不便。

舉個簡單的例子，像「東京」這麼有名的地方，原則上大家已經習慣以口語音 tang-kia^n 來稱呼(而非文言音的 tong-keng)，但是像「御茶之水」這種小地方，究竟該用口語音讀作 gu-te-chi-chui，還是用文言音讀成 gu-sa-chi-sui，至今則仍未有定論。

依照王博士研究的結果，在台語的基礎詞彙中，至今仍有百分之三十左右無法尋得正確的語源。例如表示「美麗」的 sui，「發狂」的 siau，「拿」東西的 theh，「扔」東西的 hiat，「推」的 sak，「惡劣」的 pai，「孩子」的 gin-a，「乳」的 ni，「那裏」的 hia，「那個」的 he，「這裏」的 chia，「哪裏」的 to，「何時」的 tid-si，「為何」的 an-choa^n，「乾掉」的 ta，「給予」的 ho，「知道」的 chai，「了不起」的 gau，「肉」的 bah，「葉子」的 hioh，「休息」的 hioh，「多」的 che，「不要」的 m，以及「想要」的 beh 等等。

長久以來，許多學者及研究者費盡千辛萬苦，遍尋古籍，就是找不到這些詞彙的語源出自何處。最後不得已，只好用假借字來代替，可是這種應急的做法，並不能確保每位讀者都能理解寫作者的用意。遇到這種情況時，嚴格說來，應該加上注解說明，可是這麼一來，不但麻煩，而且外觀上也不好看。另一方面，知識階層具有尊崇純粹性和權威的通病，因此他們也不欣賞這種急

就章的漢字書寫法。在王博士就讀中學的時代，曾經與故兄蒐集過當時流行的「歌仔冊」，結果卻被父親嚴厲斥責，認為這不是讀書人應有的行為。

教會羅馬字的優缺點

那麼教會羅馬字的情況又如何呢？教會羅馬字首次出現於一八三七年，由麥都思在麻六甲編纂印行的《福建方言字典》，後來歷經道格拉斯、馬高望等人的改良之後，到了甘為霖編纂的《廈門音新字典》才算大致底定下來。由此可知，教會羅馬字至今已有一百四十年的歷史，除了數部完整的大型辭典之外，還留下包括新約、舊約、讚美歌等大量有關基督教的文獻資料。此外也有信徒自行以教會羅馬字譯寫《大學》及尺牘的注釋本。

教會羅馬字最大的優點，在於可用 ABCEGHIJKLMNOPSTU 十七個字母，完全書寫所有的台語詞彙。尤其是漢字根本無法處理的擬聲語及擬態語問題，也都能夠輕易地解決。

還有就是入門學習十分容易。對於中國人而言，在心理上總覺得非方塊字就稱不上是文字，在他們看來，西方人用的拼音字母就像是一堆爬在地上的蚯蚓，本就存在一種莫名的偏見。如果去除這種不必要的偏見，就算是失學的文盲，也能夠在一個月之內學會用羅馬字寫信。

當然，教會羅馬字也有它的缺點。在瞬間的閱讀理解程度上，羅馬字確實遠遜於漢字。教會羅馬字是表音文字；漢字則是表意文字，這是理所當然的。

還有前面提到的發音出入以及地方腔調，將無法自由運用。

例如「鷄」以 koe 的方式書寫，事實上這是台北方言的讀法，操
台南方言的學習者即使不滿意，還是必須接受這種書寫方式。而
「決」如果寫成 koat，一定得唸作無氣音才行。也就是說，如果
選擇以教會羅馬字作爲台語的書寫方式，台語標準化的工作勢不
可片刻懈怠。

　　事實上，甘爲霖的《廈門音新字典》在基督徒之間已經建立權
威。最近旅美留學生成立了「台語推廣中心」，但王博士最擔心的
問題是，他們將採取何種發音做爲標準，以及其與《廈門音新字
典》之間的關係如何。

　　教會羅馬字系統本身還存在若干問題。由於發明這套書寫方
式的是英國籍傳敎士，因此在拼音時，針對塞擦音的送氣及不送
氣，係採用英語式的 ch 及 chh 加以區別，可是 chh 的寫法確實
有些不自然的地方（多加上一個 h，表示是送氣音）。至於寬元音的
〔ɔ〕以 oˑ表示，窄元音的〔o〕則以 o 來表示，兩者之間的差
別僅在右上角的一個小點，這也容易造成讀者的誤解。對於這個
問題，王博士以來自潮州話的靈感，提出可用 ou 與 o 的方式來
區別。至於每個音節之間以「－」連接，其實是來自對漢字注音的
特性，這一點應該仿效英語的單字書寫方式，以連續的字母群來
呈現。畢竟，一大堆的「－」難免會造成閱讀的困擾。此外，沒有
標注輕聲，也是一個主要的缺點。衆所周知，中國話可利用聲調
記號來表示輕聲，但在敎會羅馬字中，無聲調記號者代表陰平
聲，所以無法採取中國話的處理方式，這個問題也應該想辦法解
決。

　　如果能夠將這些缺點改善的話，王博士個人認爲，敎會羅馬

字便充分可用來作為正式的台語通用書寫法。

　　王博士在回答現場聽眾的提問時，還提出了另外一種看法，認為可模仿日語的做法，分別取用表音文字及表意文字的優點，以羅馬字及漢字併用的方式來解決書寫的問題。不過，這種做法在印刷上較為困難，必須事先決定漢字及羅馬字印刷字體的大小，以免造成混淆。

音韻系統的再認識

　　在說明教會羅馬字的書寫原則時，王博士也簡單介紹台語的音韻系統。關於前面所提到寬元音「烏」及窄元音「蠔」之間的差異，在台南方言之中，已經漸漸轉變為「o」(圓唇後舌母音，不分寬窄)和(非圓唇)中舌母音〔ə〕之間的對立。

　　雖然日語中並沒有這個中舌母音，可是後來台灣人(台南人)卻似乎習慣將日語中的「オ」發成這個音。

　　還有在台語的「ℓ」並非標準的邊音(中國話的發音中有)，聽來多少帶有「d」(濁塞音)的成份，因此台灣人在發日語的ラ行與ダ行時，往往分不清楚(有興趣的聽眾可以試著發日語的「dorodoro」看看)。

　　而台語的聲調練習更是有趣。聽到台語具有七個不同的聲調時，有些聽眾都露出難以置信的表情。其實練習的要訣在於依循陰平 → 陰上 → 陰去 → 陰入，以及陽平 → 陽上 → 陽去 → 陽入的順序即可。王博士並提醒大家說：陽上與陰上其實是相同的聲調。

　　在台語的日常生活對話上，聲調的區別其實是一件極其自然

的事情(否則誰也分不清楚「東」、「黨」、「棟」、「督」、「同」、「洞」、「毒」之間的區別)，但是要將這些音調抽離出來，進行有系統的歸納與分析時，則不是簡單的工作。

如果再加上台語特有的變調規則的話，幾乎所有人都要大呼吃不消。舉個簡單的例子，同樣寫下「風」hong 及「吹」chhoe 兩個字，依照所發出聲調的不同，居然會變成「風在吹」與「風箏」兩種不同的意思。原因在於前者的「風」與「吹」都有重音核，兩個音節之間稍有切斷，而後者的重音核則在「吹」字上頭，兩個音節構成一個連續的單詞。

這個變調的規律頗為複雜，一般人並不容易理解。當大家聽到王博士說：在教日本人台語時，必須強迫學生死背變調規律，幾乎所有人都目瞪口呆。

在做總結時，王博士朗讀〈馬太福音〉的幾個章節。老實說，才剛從《白話字實用教科書》上學到教會羅馬字的基礎架構，不一會兒就要連跳三級，朗誦高水準的台語版《聖經》，簡直就是斯巴達教育，但大家似乎都拿出了閱讀推理小說的那種精神，戰戰兢兢地跟上了王博士的要求。

看來這場演講，不僅講者辛苦，聽講者也絕不輕鬆。

(刊於《台灣同鄉新聞》第34號，世界台灣
同鄉聯合會日本分會，1976年2月1日)

(黃昭堂記錄)

Ong Iok-tek

Ong Iok-tek

Ong Iok-tek

王育德丰譜

1924年	1月	30日出生於台灣台南市本町2-65
30年	4月	台南市末廣公學校入學
34年	12月	生母毛月見女史逝世
36年	4月	台南州立台南第一中學校入學
40年	4月	4年修了，台北高等學校文科甲類入學。
42年	9月	同校畢業，到東京。
43年	10月	東京帝國大學文學部支那哲文學科入學
44年	5月	疎開歸台
	11月	嘉義市役所庶務課勤務
45年	8月	終戰
	10月	台灣省立台南第一中學(舊州立台南二中)教員。開始演劇運動。處女作「新生之朝」於延平戲院公演。
47年	1月	與林雪梅女史結婚
48年	9月	長女曙芬出生
49年	8月	經香港亡命日本
50年	4月	東京大學文學部中國文學語學科再入學
	12月	妻子移住日本
53年	4月	東京大學大學院中國語學科專攻課程進學
	6月	尊父王汝禎翁逝世
54年	4月	次女明理出生
55年	3月	東京大學文學修士。博士課程進學。

57年12月		『台灣語常用語彙』自費出版
58年	4月	明治大學商學部非常勤講師
60年	2月	台灣青年社創設，第一任委員長(到63年5月)。
	3月	東京大學大學院博士課程修了
	4月	『台灣青年』發行人(到64年4月)
67年	4月	明治大學商學部專任講師
		埼玉大學外國人講師兼任(到84年3月)
68年	4月	東京大學外國人講師兼任(前期)
69年	3月	東京大學文學博士授與
	4月	昇任明治大學商學部助教授
		東京外國語大學外國人講師兼任(→)
70年	1月	台灣獨立聯盟總本部中央委員(→)
		『台灣青年』發行人(→)
71年	5月	NHK福建語廣播審查委員
73年	2月	在日台灣同鄉會副會長(到84年2月)
	4月	東京教育大學外國人講師兼任(到77年3月)
74年	4月	昇任明治大學商學部教授(→)
75年	2月	「台灣人元日本兵士補償問題思考會」事務局長(→)
77年	6月	美國留學(到9月)
	10月	台灣獨立聯盟日本本部資金部長(到79年12月)
79年	1月	次女明理與近藤泰兒氏結婚
	10月	外孫女近藤綾出生
80年	1月	台灣獨立聯盟日本本部國際部長(→)
81年12月		外孫近藤浩人出生

82年 1月　　長女曙芬病死

　　　　　　台灣人公共事務會(FAPA)委員(→)

84年 1月　　「王育德博士還曆祝賀會」於東京國際文化會館舉行

　　 4月　　東京都立大學非常勤講師兼任(→)

85年 4月　　狹心症初發作

　　 7月　　受日本本部委員長表彰「台灣獨立聯盟功勞者」

　　 8月　　最後劇作「僑領」於世界台灣同鄉會聯合會年會上演，
　　　　　　親自監督演出事宜。

　　 9月　　八日午後七時三〇分，狹心症發作，九日午後六時四
　　　　　　二分心肌梗塞逝世。

王育徳著作目録

（行末●爲〔王育徳全集〕所收册目）

黄昭堂編

1　著書

1　『台湾語常用語彙』東京・永和語学社，1957年。　❻

2　『台湾——苦悶するその歴史』東京・弘文堂，1964年。　❶

3　『台湾語入門』東京・風林書房，1972年。東京・日中出　❹
　　版，1982年。

4　『台湾——苦悶的歴史』東京・台湾青年社，1979年。　❶

5　『台湾海峡』東京・日中出版，1983年。　❷

6　『台湾語初級』東京・日中出版，1983年。　❺

2　編集

1　『台湾人元日本兵士の訴え』補償要求訴訟資料第一集，東
　　京・台湾人元日本兵士の補償問題を考える会，1978年。

2　『台湾人戦死傷，5人の証言』補償要求訴訟資料第二集，
　　同上考える会，1980年。

3　『非常の判決を乗り越えて』補償請求訴訟資料第三集，同
　　上考える会，1982年。

4　『補償法の早期制定を訴える』同上考える会，1982年。

5　『国会における論議』補償請求訴訟資料第四集，同上考え
　　る会，1983年。

6　『控訴審における闘い』補償請求訴訟資料第五集，同上考

える会，1985年。

7 『二審判決"国は救済策を急げ"』補償請求訴訟資料速報，
同上考える会，1985年。

3　共譯書

1 『現代中国文学全集』15人民文学篇，東京・河出書
房，1956年。

4　學術論文

1 「台湾演劇の今昔」，『翔風』22号，1941年7月9日。

2 「台湾の家族制度」，『翔風』24号，1942年9月20日。

3 「台湾語表現形態試論」(東京大学文学部卒業論文)，1952
年。

4 「ラテン化新文字による台湾語初級教本草案」(東京大学
文学修士論文)，1954年。

5 「台湾語の研究」，『台湾民声』1号，1954年2月。　　　　❽

6 「台湾語の声調」，『中国語学』41号，中国語学研究　　　❽
会，1955年8月。

7 「福建語の教会ローマ字について」，『中国語学』60　　　❾
号，1957年3月。

8 「文学革命の台湾に及ぼせる影響」，『日本中国学会報』11　❷
集，日本中国学会，1959年10月。

9 「中国五大方言の分裂年代の言語年代学的試探」，『言語　❾
研究』38号，日本言語学会，1960年9月。

10 「福建語放送のむずかしさ」，『中国語学』111号，1961年7　❾
月。

11 「台湾語講座」，『台湾青年』1〜38号連載，台湾青年社，　❸

1960年4月～1964年1月。

12　「匪寇列伝」,『台湾青年』1～4号連載, 1960年4月～11月。　❶❹

13　「拓殖列伝」,『台湾青年』5, 7～9号連載, 1960年12　❶❹
　　月, 61年4月, 6～8月。

14　「能史列伝」,『台湾青年』12, 18, 20, 23号連載, 1961年　❶❹
　　11月, 62年5, 7, 10月。

15　"A Formosan View of the Formosan Independence
　　Movement," *The China Quarterly,* July-September,
　　1963.

16　「胡適」,『中国語と中国文化』光生館, 1965年, 所収。

17　「中国の方言」,『中国文化叢書』言語, 大修館, 1967年所　❾
　　収。

18　「十五音について」,『国際東方学者会議紀要』13集, 東方　❾
　　学会, 1968年。

19　「閩音系研究」(東京大学文学博士学位論文), 1969年。　❼

20　「福建語における『著』の語法について」,『中国語学』192　❾
　　号, 1969年7月。

21　「三字集講釈(上)」,『台湾』台湾独立聯盟, 1969年11月。　❽
　　「三字集講釈(中・下)」,『台湾青年』115, 119号連載, 台
　　湾独立聯盟, 1970年6月, 10月。

22　「福建の開発と福建語の成立」,『日本中国学会報』21集,　❾
　　1969年12月。

23　「泉州方言の音韻体系」,『明治大学人文科学研究所紀要』　❾
　　8・9合併号, 明治大学人文研究所, 1970年。

24　「客家語の言語年代学的考察」,『現代言語学』東京・三省　❾

堂，1972年所収。

25　「中国語の『指し表わし表出する』形式」，『中国の言語と　❾
　　文化』，天理大学，1972年所収。

26　「福建語研修について」，『ア・ア通信』17号，1972年12　❾
　　月。

27　「台湾語表記上の問題点」，『台湾同郷新聞』24号，在日台　❽
　　湾同郷会，1973年2月1日付け。

28　「戦後台湾文学略説」，『明治大学教養論集』通巻126号，　❷
　　人文科学，1979年。

29　「郷土文学作家と政治」，『明治大学教養論集』通巻152号，　❷
　　人文科学，1982年。

30　「台湾語の記述的研究はどこまで進んだか」，『明治大学　❽
　　教養論集』通巻184号，人文科学，1985年。

5　事典項目執筆

1　平凡社『世界名著事典』1970年，「十韻彙編」「切韻考」な
　　ど，約10項目。

2　『世界なぞなぞ事典』大修館書店，1984年，「台湾」のこと
　　わざを執筆。

6　學會發表

1　「日本における福建語研究の現状」1955年5月，第1回国際
　　東方学者会議。

2　「福建語の教会ローマ字について」1956年10月25日，中国　❾
　　語学研究会第7回大会。

3　「文学革命の台湾に及ぼせる影響」1958年10月，日本中国　❷
　　学会第10回大会。

4 「福建語の語源探究」1960年6月5日，東京支那学会年次大 **❾**
  会。

5 「その後の胡適」1964年8月，東京支那学会8月例会。

6 「福建語成立の背景」1966年6月5日，東京支那学会年次大 **❾**
  会。

7 劇作

1 「新生之朝」，原作・演出，1945年10月25日，台湾台南
  市・延平戯院。

2 「偸走兵」，同上。

3 「青年之路」，原作・演出，1946年10月，延平戯院。

4 「幻影」，原作・演出，1946年12月，延平戯院。

5 「郷愁」，同上。

6 「僑領」，原作・演出，1985年8月3日，日本，五殿場市・ **⓫**
  東山荘講堂。

8 書評（『台灣青年』掲載，数字は號數）

1 周鯨文著，池田篤紀訳『風暴十年』1 **⓫**

2 さねとう・けいしゅう『中国人・日本留学史』2 **⓫**

3 王藍『藍与黒』3 **⓫**

4 バーバラ・ウォード著，鮎川信夫訳『世界を変える五つ **⓫**
  の思想』5

5 呂訴上『台湾電影戯劇史』14 **⓫**

6 史明『台湾人四百年史』21 **⓫**

7 尾崎秀樹『近代文学の傷痕』8 **⓫**

8 黄昭堂『台湾民主国の研究』117 **⓫**

9 鈴木明『誰も書かなかった台湾』163 **⓫**

國家圖書館出版品預行編目資料

台灣語研究卷／王育德著,李淑鳳、黃舜宜譯.
　初版. 台北市：前衛, 2002〔民91〕
　256面；15×21公分.

　ISBN 957 - 801 - 354 - x(精裝)

　1.台語

802.5232　　　　　　　　　　　　　91004356

台灣語研究卷

日文原著　王育德
中文翻譯　李淑鳳　黃舜宜
中文監修　黃國彥
責任編輯　邱振瑞　林文欽
出 版 者　前衛出版社
　　　　　10468 台北市中山區農安街153號4樓之3
　　　　　Tel：02-25865708　　Fax：02-25863758
　　　　　郵撥帳號：05625551
　　　　　E-mail：a4791@ms15.hinet.net
　　　　　http://www.avanguard.com.tw
出版總監　林文欽
法律顧問　南國春秋法律事務所林峰正律師
總 經 銷　紅螞蟻圖書有限公司
　　　　　台北市內湖舊宗路二段121巷28、32號4樓
　　　　　Tel：02-27953656　　Fax：02-27954100
獎助出版　財團法人｜國家文化藝術｜基金會
　　　　　National Culture and Arts Foundation
贊助出版　海內外【王育德全集】助印戶
出版日期　2002年7月初版一刷
　　　　　2011年10月初版二刷
定　　價　新台幣250元

©Avanguard Publishing House 2002
Printed in Taiwan　ISBN 978-957-801-354-4

＊「前衛本土網」http://www.avanguard.com.tw
＊加入前衛出版社臉書facebook粉絲團，搜尋關鍵字「前衛出版社」，
　按下“讚”即完成。
＊一起到「前衛出版社部落格」http://avanguardbook.pixnet.net/blog互通有無，
　掌握前衛最新消息。
更多書籍、活動資訊請上網輸入關鍵字“前衛出版”或“草根出版”。